数|学|教|育|学|术|前|沿|论|丛

中学生数学学业成就的影响因素研究

郭　衍◎著

ZHONGXUESHENG SHUXUE XUEYE CHENG...
YINGXIANG YINSU YANJIU

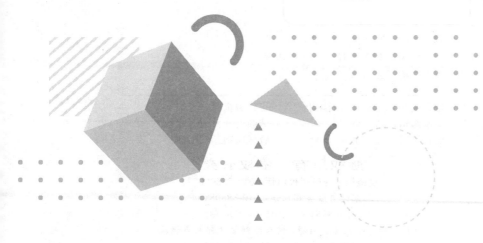

北京师范大学出版集团
BEIJING NORMAL UNIVERSITY PUBLISHING GROUP
北京师范大学出版社

图书在版编目（CIP）数据

中学生数学学业成就的影响因素研究/郭衎著 . —北京：北京师范大学出版社，2020.10
（数学教育学术前沿论丛/曹一鸣主编）
ISBN 978-7-303-25360-9

Ⅰ. ①学… Ⅱ. ①郭… Ⅲ. ①中学数学课-教学研究
Ⅳ. ①G633.602

中国版本图书馆 CIP 数据核字（2019）第 263625 号

营 销 中 心 电 话　010-58802181　58805532
北师大出版社科技与经销分社　www.jswsbook.com
电 子 信 箱　jswsbook@163.com

出版发行：北京师范大学出版社　www.bnupg.com
　　　　　北京市西城区新街口外大街 12-3 号
　　　　　邮政编码：100088
印　　刷：北京京师印务有限公司
经　　销：全国新华书店
开　　本：730 mm×980 mm　1/16
印　　张：10
字　　数：184 千字
版　　次：2020 年 10 月第 1 版
印　　次：2020 年 10 月第 1 次印刷
定　　价：35.00 元

策划编辑：周益群　刘风娟　　　责任编辑：马力敏
美术编辑：刘　超　　　　　　　装帧设计：刘　超
责任校对：康　悦　　　　　　　责任印制：马　洁

序

数学教育是一门古老的学科。公元前3世纪，柏拉图就在雅典创办学院，研习数学，通过数学(几何)的学习来培养逻辑思维能力，造就出亚里士多德、欧多克索斯等哲学家、数学家。

19世纪前，主要由数学家在数学研究的同时兼教数学，培养社会"精英"，因为学数学和需要用数学的人并不多，自然不需要对数学教学(育)进行系统的研究。随着工业化的进程，这一现状发生了变化。学数学不再是少数社会"精英"的专利，而是一种大众的需求，并逐渐成为人们生活中的一部分。面对日益增长的数学学习需求，"会数学不一定会教数学""数学教师是有别于数学家的另一种职业"开始为人们所接受。对数学应该"教什么""怎么教"这一看似简单的问题开始了专门的研究，逐步形成了数学教育这一个专业。其中标志性的一个事件是1911年，哥廷根大学的鲁道夫·施密马克(Rudolf Schimmack)成为第一个数学教育方向的博士，他的导师是国际数学界的领军人物德国著名几何学家、数学教育学家克莱因。哥廷根大学是当时国际数学界最有影响力的学术中心。

20世纪80年以来，随着改革开放，国际交流日益，我国的数学教育研究在数学教材教法的基础上有了新的突破和发展。我国数学教育呈现出走向成熟的标志性特征。

1. 逐步形成的相对稳定的专业团队

近年来，数学教育方向博士、硕士研究生毕业人数不断增加，全国数学教育研究会等学术团体队伍不断壮大。中国数学教育研究领域的专家、学者在国际数学教育大会、国际数学教育心理学大会等重要国际数学教育舞台上发挥着越来越重要的作用，第 14 届国际数学教育大会将在中国上海召开。在国内，数学教育学术活动日益繁荣，全国数学教育研究会学术年会规模越来越大，从 20 世纪的 100 人左右，发展到近千人的规模。有 10 多所大学招收数学教育方向的博士研究生。

2. 逐渐完善的研究方法

20 世纪初，数学教育界开展了有关教育研究中思辨与实证方法、理论与实践取向的讨论。通过这场讨论，更多的研究人员重视到研究方法设计的科学与合理性，明确不同研究方法的适用范围、优势与不足，克服了研究方法过程中单一、片面所带来的研究结论偏差，在很大程度上对提高我国数学教育研究水平起到促进和推动作用。

3. 具有明确研究的问题

在相当一段时间里，人们对数学教育研究的问题、研究定位很不明确，一个最简单的问题是数学教育是"数学"还是"教育"。由于这一基本问题的不明确，一些研究走向了简单的"数学＋教育"的道路。数学教育应该是从数学的学科特点出发，研究以数学学科为载体的教育中的问题。所以，数学教育解决的是教育中的问题，但又不是泛教育问题，而是与数学有关的教育问题，是一门交叉学科。国际数学教育比较研究，为数学课程改革理论研究与实践探索以及数学教育研究注入了永恒的动力。

正是有了本学科所需要解决的特有问题，数学教育这门学科才有了存在的必要性与可能性。

"数学教育学术前沿论丛"以数学教育研究领域的重大理论与实践问题进行深入的专题研究为宗旨，定位于数学教育研究领域内重要课题研究成果，以数学方向优秀博士学位论文为主体，发布北京师范大学数学教育研究团队探索、研究、发现的重要研究成果，对数学教育学科建设起到积极的推动作用。本系列将聚焦学生的能力素养培养与数学教师的专业成长，采用量化与质性结合的研究方法，研究学生和教师发展的影响因素，精准评价、诊断师生教与学的过程，为优化提升学生数学学业水平与课堂教学质量提供依据和助力。

2020 年 4 月 28 日

北京师范大学数学科学学院

京师数学课程教材研究中心

序　言

　　在现代教育学和心理学测量技术的支持下，对学生学业水平的测查和描述标志着我国迎来了大规模教育评价的 1.0 时代。传统的教育评价实践主要依托于教师与学校，主要表现为教师根据自身教学经验展开班级、学校考试，我们不妨将其称作教育评价的 Beta 时代。教育评价发展的时代变革，预示着评价与测试理念的转型。对学生测评结果的深入分析，以及探究影响其学业表现的因素则成为教育评价后 1.0 时代的工作重点，即"体检"之后的"改进提升"工作。本书正是基于区域教育改进视角，进行的教育评价后 1.0 时代的研究。虽然现代测量技术是大规模教育评价 1.0 时代的主要特征，但本书旨在更为系统、合理、有效地展现学业成就发展的相关因素，因此复杂的统计模型与烦琐的测量技术细节并不在本书中做过多展示。一方面，因为将问题复杂化并非现代测量技术发展的初衷，复杂的测量方法只是为了保证测量结果更加准确；另一方面，因为简洁朴实的分析结果呈现往往更具说服力，相信任何精巧的统计估计和推断在全样本分析前也都会黯然失色。

　　学生的数学学业成就一直以来都是家长、研究人员、教育工作者和决策者关注的核心教育问题之一。国际成人技能调查（Survey of Adult Skills）项目指出，数学学业成就对年轻人的未来有很强的预测作用，可以影响他们的学习水平及收入情况。具体来说，数学能力不佳会限制人们获得报酬和价值更高的工作，而数学学业表现突出者在未来的生活中往往身心更加健康。学生的数学学业成就不仅对成年生活质量与水平有重要的预测作用，而且是衡量教育产出的重要核心指标。在大规模学业成就测试项目中，学业成就表现的描述为教育产出提供了重要参考，而在此基础上进行的影响因素分析同样也是学业成就评价体系的重要组成部分。国际学生评估项目（Program for International Student Assessment，PISA）和国际数学与科学趋势研究项目（Trends in International Mathematics and Science Study，TIMSS），在其年度报告中均有专门的章节对影响学生学业成就的因素进行分析阐述，并会在此基础上提出有针对性的教育改进政策性建议。影响学业能力发展的相关因素分析，是对教育现象多向度、多视角的感知，更为教育变革提供了强大的机遇。

自20世纪中叶，随着教育经济学领域中"教育生产函数"概念的提出，对学生社会背景、学校教育与学校效果之间关系的研究，已成为教育研究，尤其是教育社会学研究的一个重要主题。学校、教师、家庭、学生个体因素与学业产出的复杂关联逐渐成为教育研究的关注对象。2001年美国政府颁布的《不让一个孩子掉队法案》曾几十次提出倡导"以证据为基础"的科学研究，探索有效的教学方法，提高教学质量，极大促进了教育实证研究的发展。具体到国内的教育科研工作，教育实证研究已蔚然成风。实证研究，特别是学业成就影响因素的研究之所以受到越来越多的科研关注，是因为深入分析影响数学学业成就的诸多因素，对提高教育决策水平、提升学校管理能力、改进教学策略方法，最终促进基础教育优质、均衡、健康发展均有重要的作用。对学生数学学业成就影响因素的研究，受到了研究趋势和社会需求的双重指引。自PISA项目对中国学生学业成就进行测量以来，中国学生多次夺魁的表现令国际数学教育工作者叹为观止，由此引发世界各国对中国教育的方方面面产生了浓厚的兴趣。作为中国的教育研究者，科研工作及教育工作的视角不应只着眼于描述教育现象，更应探寻其背后的成因，挖掘影响我国学生数学学业成就的深层机制。

根据对国内外研究现状的梳理与分析，本书提出了5个影响因素模块：学生家庭环境、学生非智力因素、学生课余学习、学校环境感受和教师影响因素。以上影响因素可划分为"（半）固定因素"和教育教学改进可变的"改进因素"两类。对"改进因素"，我们将给予更多的重视，并着重关注教师的影响作用。

模块1为学生家庭环境，包括家长学历、家长职业和家庭资源。模块内三者均对学生数学学业成就有显著的积极影响，其中家长职业的影响略低于另外两者。交互作用的分析结果显示，地域及性别因素对父母职业、学历影响大小有调节作用。较之女生，男生的数学学业成就更容易受到父母职业的影响，并且在父母学历处在研究生水平的家庭中会出现显著下降。与之相似，乡镇农村学生父母学历的影响也呈现出类似模式，高学历父母可能对乡镇农村男生的数学学业成就产生负向影响。

　　模块 2 为学生非智力因素，包括自信心、内部动机(包括学习兴趣)、外部动机和学历期望。模块内各因素均对学业成就有积极作用，其中自信心是除学历期望外对学生数学学业成就影响最大的影响因素。两种学习动机中，内部动机的作用远大于外部动机，且两种学习动机间存在交互作用，随着学生内部动机增强，外部动机对学生数学学业成就的影响减弱甚至出现负向影响，表明外部动机的影响不够稳定。

　　模块 3 为学生课余学习，具体考查学生进行家教及辅导班、校外作业和校内作业三部分课余学习的时间。分别单独考查三种不同的课余学习状况，可以发现学生的课余学习和数学学业成就呈倒 U 型曲线关系，即过多的课余学习并不能带来成绩提高的回报。此外，还可以发现校内作业的"投入—产出比"最高，而校外作业的最低。面对不容忽视的学业负担情况，适当和适度的课外活动(如阅读和体育锻炼)将有利于提高数学学习效果。

　　模块 4 为学校环境感受，包括同伴关系、师生关系和学校归属感。其中师生关系的影响最大，但学校环境感受整体上与学生数学学业成就关联较低。交互作用分析结果显示，地域对同伴关系和师生关系的影响力有调节效应，乡镇农村学生的数学学业成就更容易受到这两种关系感受的影响，而学校归属感的作用在不同地域中是较为稳定的。学校归属感对男、女生的数学学习效果的作用有所差异，男生的数学学业成就更容易受到学校归属感的影响。

　　模块 5 为教师影响因素，包括教师性别、年龄、教龄、学历(专业)、职称、称号、工作时间、教师数学教学知识(Mathematical Knowledge for Teaching，MKT)和教师自我效能感。除教师性别比例没有显著影响外，其他因素均对教师所在学校的平均数学学业成就有显著的积极影响，其中教师职称的影响最大，其次是 MKT 和教师目前学历。进一步的分析显示，MKT 对学校平均数学学业成就的影响并不总能发挥作用，工作投入更多、自我效能感更强的教师，其 MKT 能更强地对学生数学学业成就产生积极影响。

　　在学生个体层面，学历期望对学生的数学学业成就预测效果最好，除此之外，自信心和学生数学学业成就的关联最强，其次是父母学历和家庭资源。学生课余学习时间的解释力最强，学生家庭环境和非智力因素次之，学校环境感受的效应较弱。在学校层，教师职称、MKT 和教师目前学历对学生数学学业成就影响最大。多水平模型分析结果显示，本书所涉及的学生个体影响因素可以解释其数学学业成就变异的 16.3%，5 个影响因素模块共可以解释学校层数学学业成就变异的 80.4%，其中教师影响因素约占 10%，说明学生层因素也存在学校间的分层效应。

本书的成稿到顺利出版承蒙恩师、同时也是丛书主编北京师范大学曹一鸣教授多年来的悉心指导。同时也要感谢爱人宋爽在本书撰写过程中的支持、陪伴以及提供的大量数据整理和分析的协助。本书出版过程中还得到了北京师范大学出版社周益群主编和刘风娟编辑的支持，以及胡琴竹、马力敏老师的细心校对和修改。感谢北京师范大学中国基础教育质量监测协同创新中心"区域教育质量健康体检与改进提升"项目提供的数据支持，同时也对参加测试的学生、家长和教师，以及协助测试管理和数据收集的各级教育部门的工作人员一并表示感谢。书中纰漏之处，系作者才学尚浅，请读者批评指正。

郭　衍

北京师范大学数学科学学院

目　录

第一章 绪 论

近年来，教育界对"大规模测试"已不再陌生，从大型的国际测试项目到国家级测试项目，再到地方各层各级评估测试，测试对象动辄数以万计。但不可否认的是，在已有的对学生学业成就影响因素的同类研究中，教育学领域的研究规模和研究方法相对滞后。大部分同类研究聚焦于个体性别、社会经济地位（socioeconomic status，SES）、元认知、智力、亲社会行为、抑郁情绪等影响因素。这些变量对学校教育特别是学科教师来说，属于"无法改变"或"几乎不可改变"的"（半）固定因素"。

从教育学研究视角来说，其实应当更加关注教师、学校或地方教育部门可干预、可改变、可完善的"可改进因素"。教师的教和学生的学是教学改革的最前沿，也是教学效果的直接推动力。基于教学改进的目的，我们应关注能够产生直接作用或能够被学生、教师、学校所操作的有改进空间的因素。但反观国内对学生数学学业成就影响因素的研究，特别是对学生行为与教师教学的影响领域的研究可以发现，研究方法多集中于思辨性讨论，即对学习与教学行为的理论性研讨，缺少效应的实证性依据。尽管少量实证研究对其展开探索，但其研究过程也存在一些不容忽视的缺陷。例如，在论证某种教学法有效性的教学实验中，样本量小、不控制对照组初始成绩、干预时间过短等是国内早期文献常见的问题，甚至还会出现统计方法的科学性错误。这说明教育学实证研究的研究规模、研究设计和数据分析方法尚待完善。因此，在学生数学学业成就影响因素的研究中，既应该突出教育学研究的特色，也需要保证研究方法的科学严谨。本书在已有研究的基础上，尝试依托大规模的样本，选择严谨适用的量化方法，重点关注教师教学变量的提取与分析，刻画学生和教师的"改进因素"对学生数学学业成就的影响。

近年来，大规模国际学生评估项目 PISA 和 TIMSS 引起了社会各界的广泛关注，特别是 2009 年和 2012 年上海学生两次在 PISA 测试中夺冠后，我国对数学素养的定义、测量、水平描述以及相关影响因素的研究也潜移默化地受到了 PISA 测试的影响。我国学业水平测试的研究也逐渐呈现出重视测试框架、追求大规模的发展趋势，尝试以问卷量化潜在的影响因素，以大数据刻画学生学习的规律。

因为我国基础教育体量巨大，加之教育行政部门的鼓励和支持，所以很多研究的规模迅速从小样本发展为大数据。但遗憾的是研究方法并没有随之改进，许多研究仍沿用原来在小样本研究中的统计分析方法。在样本规模较小的研究中，通常是选取一个班或一个学校进行研究。当研究样本扩充到一个市、一个省甚至更大范围时，由于教育研究中不可避免的"池塘效应"，以及很难在严格意义上使用样本随机，所以数据层次出现嵌套结构(学生属于班级、班级属于学校、学校属于地区)，并且在小样本研究中的很多统计分析方法未必还能适用，在小样本研究中影响可以忽略的因素也变得不容忽视(详见第三节统计方法)。数学学习存在文化差异，影响因素对于不同特质的学生群体，也可能产生不同的影响模式，大数据分析不能简单地"大而化之"。所以"区域"并非是将大数据拆散研究，而是关注不同特征的学生和教师群体的影响模式差异。

第一节　研究现状

教育学研究中出现过大量的与学生学习结果相关的变量，研究学者、决策者、实践工作者都在根据各自的研究重点和实际需求探求影响学生学习结果的"重要变量"，以达到提升学生学业成就的目的。

早在 1963 年，美国学者卡罗尔就在《师范学院记录》(Teachers College Record)中提出"一种学校学习模型"，该模型包括 6 个要素：能力倾向(智力)、理解教学的能力、毅力、教学质量、与学生特点相符的教学任务和学习机会。这些要素简明扼要地诠释了学生学习的影响因素，也为后续研究奠定了基础。在此后的十多年里，相继出现了诸多经典的"学习模型"，如布鲁纳的教学模型、布卢姆的学校学习模型、哈尼切革-威廉的教学过程模型等。这些模型都指出了学生背景能力的基础性作用，包括能力倾向、储备知识、智力水平、个人背景等；多数模型还提到了非智力因素，如动机、毅力、自我概念、对学校课程的态度等。但这类早期的"模型"多数依托于心理学或教育心理学理论建构而成，所涉及的学生变量大多也是基于心理学研究的需要。虽然部分模型关注到了课堂教学因素的价值，但只是重视课堂行为的表现形式，而未将其内容作为研究对象，缺乏真正的教育学视角，特别是学科教育视角的变量，难以与教学改进措施进行紧密连接。

到了 20 世纪 80 年代，随着更多教学变量的引入以及研究者对校外变量和社会学变量的关注，"学校学习模型"也逐渐丰富了起来。例如，有模型将研究学生学业成就的影响因素的 9 个要素囊括其中，如学生年龄或发展水平、能力、动机、课时数、教学质量、班级氛围、家庭影响、校外互助组和多媒体使用。此后也有模型引入了学习时间分配、课堂教学管理、学生学习行为、教师专业发展、家长参与和学校氛围等。

1990 年，王（Wang）、哈泰尔（Haertel）和沃伯格（Walberg）用元分析的方法综述了前十多年对学生学习影响因素的研究，他们使用统一的框架分析了228 篇相关研究文献，该分析框架包括 6 个一级维度和 30 个二级维度，如表1-1 所示。

表 1-1 学生学习影响因素分析框架

一级维度	二级维度	变量描述	提及频次	关联强度	标准差
国家和区域变量	区域人口学变量	学区规模	14	1.46	0.50
	国家政策	教师专业要求	29	1.24	1.00
校外环境变量	社区	社区经济地位	15	1.80	0.41
	同伴群体	同伴学业期望水平	18	2.00	0.34
	家庭环境和父母支持	父母参与完成家庭作业	47	1.90	0.40
	校外时间使用	学生参与俱乐部和校外活动	17	1.94	0.46
学校变量	人口学变量	学校规模	25	1.74	0.56
	教师/管理人员决策	校长参与的教学活动	21	1.65	0.95
	校园文化	学校对学业成就的重视程度	49	1.84	0.43
	学校政策和组织	明确的校规	74	1.40	1.14
	辅助	教育辅助项目	2	2.00	0.00
	家长参与政策	家长参与教学	23	1.67	0.56
学生变量	人口学变量	性别	90	1.70	0.77
	教育定位	留级情况	19	0.16	1.80
	社会性和行为	积极、无攻击行为	35	1.98	0.34
	动机和情感	对学科内容的态度	81	1.93	0.42
	认知	学科领域内专业知识水平	101	1.98	0.33
	元认知	过程监控	76	2.08	0.36
	技能	特定领域的技能	6	2.33	0.52

续表

一级维度	二级维度	变量描述	提及频次	关联强度	标准差
教学准备变量	人口学变量	教学形式规模	23	1.97	0.54
	课程与教学	教学目标、概念、实施、作业和评价的一致性	108	1.92	0.46
	课程设计	先行组织者材料	97	1.88	0.34
实施、课堂教学和氛围变量	课堂实施支持	有效的课堂常规、交流规范和要求	66	1.84	0.38
	课堂教学	清晰、有组织的直接教学	156	1.85	0.74
	教学质量	学生参与教学任务时间	69	2.02	0.64
	课堂评价	将评价作为教学必要环节	61	1.89	0.30
	课堂管理	维持全体参与教学任务	42	2.07	0.23
	师生互动：社会性	学生对教师和其他学生做出积极回应	44	2.02	0.41
	师生互动：学业性	经常要求学生做出详细回应	29	1.89	0.44
	课堂氛围	班级凝聚力	75	2.01	0.38

注：为表述方便，本书作者对原表格形式做了相应调整，其中"提及频次""关联强度"和"标准差"为本书作者根据原文后继分析所增加的内容。

Wang 等人用 1，2，3 对文献中提及的变量和学生学业成就的关联强度进行编码，"1"表示弱关联或不确定，"2"表示中等程度的关联，"3"表示强关联[1]，某变量的标准差越小，证明提及的研究结论越一致。在 6 个一级维度中，"教学准备变量"和学生学业成就的关联性最强，其次是"校外环境变量"。其中"教学准备变量"下的人口学变量被相关研究提及的次数较少，且相对其他两个变量的一致性较差；"实施、课堂教学和氛围变量"下的教学质量、课堂管理、师生互动、课堂氛围提及频次高，和学生学业成绩关联强度较大。由此可以看出，学生家庭环境、学校课程设置和教师实践教学是学生学业成就影响因素研究的关注重点，也是和学生学业成就关联强度较大的变量。

---

[1] Wang M C，et al，"Variables Important to Learning：A Meta-Review of Reviews of the Research Literature，"Content Analysis，1990.

《可见的学习》被英国《泰晤士报》誉为"发现了教学的'圣杯'"。该书作者哈蒂(Hattie)对 134 项元分析提出了为什么一些因素比另一些因素影响作用更大或更小的共同主题[①],并将 138 个影响因素归入于学生、家庭、学校、教师、课程和教学方法 6 个主要类别[②],再对 800 多项元分析进行综合分析。研究发现,效应量为负的很少,超过 90% 的因素都对学生的学业成就有积极影响。所以 Hattie 认为对学生学业成就影响因素的研究,不应只是发现什么有效,而是应该关注什么更有效。并且 Hattie 还指出,如果只是关注效应的正负,即影响因素能否对学生学业成就产生积极影响,效应量超过 $d=0.0$ 就只是一个极低的标准。

基于以往的研究,如图 1-1 所示,$d=0.4$ 被定义为关节点(h-point),$d>0.4$ 的影响被标记为"期望效应(desired effects)",对学生学业成绩有最强的影响;d 在 0.15~0.4 的影响大小与以往追踪研究中一学年教学的提高效应大小相当,被定义为"教师等价效应(teacher effect)";d 在 0.0~0.15 的影响大小与未进行学校学习的儿童一学年的提高效应大小相当,被定义为"发展等价效应(developmental effects)",这种大小的影响与每个儿童自然成长的进步相当,属于不用着重关注的效应;最后,$d<0.0$ 时是"负面效应(reverse effects)"。

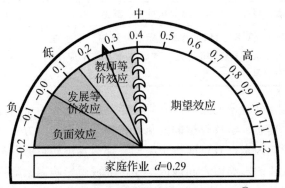

图 1-1 Hattie 对于影响效应大小的划分[③]

表 1-2 展示了这 6 类主要影响因素的研究数量和平均效应量。分析结果表

---

① Hattie J,"Measuring the Effects of Schooling,"Australian Journal of Education,1992.

② Hattie J,"Visible Learning:A Synthesis of Over 800 Meta-Analyses Relating to A-chievement,"Routledge,2008.

③ 注:该图来自 Visible Learning :A Synthesis of Over 800 Meta-Analyses Relating to Achievement。

明，学校差异对提升学生学业成就影响不大（$d=0.23$），属于"教师等价效应"。除了学生因素达到"期望效应"之外，Hattie发现许多教育改革中的热点话题，如班级规模、分层教学、择校等，对学生学业成就影响往往甚小，学校中最具影响力的因素是课堂氛围和同伴影响，而效应量达到0.42的教学方法因素也和教师有关联，因此教师的行为非常重要，提倡关注"教师的力量"。可以发现，教师、课程、教学方法的效应属于"期望效应"，均超过了以往追踪研究中的教学效应量，可能是较之学生个体因素更值得重视的影响指标。

表1-2　6类主要影响因素的效应量

影响因素	具体内容	研究数量	d	CL
学生	背景、态度和特质、身体、学前经验	139	0.40	29%
家庭	社会经济地位、福利政策、家庭结构、家庭氛围、看电视、家长参与、家访	36	0.31	22%
学校	学校属性、学校结构、领导力、班级结构、学校课程、课堂氛围、同伴影响	101	0.23	16%
教师	教师效应、教师教育、微格教学、学科知识、教学质量、师生关系、专业发展、教师期望、不给学生贴标签、表达清晰度	31	0.49	35%
课程	阅读、写作、艺术、数学和科学、其他	141	0.45	32%
教学方法	学习策略（学习目的、成功标准、反馈、学生视角、元认知）、策略实施、教学改革、技术应用、校外学习	365	0.42	30%

当然，以上元分析研究是对西方学生学业成就影响因素研究的总结，随着社会结构、教育理念、学校教学的变化，特别是我国和西方的文化差异，对学生学业成就的影响因素也有可能产生不同。那么，不妨再看看近年国际大型学生评价项目所关注的影响因素和国内学生学业成就影响因素研究的结论。

赵红霞在其博士论文《影响初中生学业成绩差异的机制研究——回归分析模型的探讨》中重点对我国1985年至2010年的相关文献进行了梳理，其中，包括各类教育学及教育心理学核心期刊论文2 420篇，《国际教育百科全书》和《教育大百科全书》中的相关词条38项，各类教育社会学教材及专著中的相关章节及内容，政府文件及报告、学术研究报告等。下面将有关的影响因素编码以累积词频，并统计每个影响因素出现的频率。

从表1-3可以看出，学生的家庭因素显然是同类研究的重点，涉及这类变量的研究数量远远超过其他学生学业成就影响因素的研究。学生的认知因素和非认知因素次之，学校因素、社会因素更少。可以发现，研究数量较多的认知因素多属于心理学研究领域，而家庭因素则以心理学和社会学研究中的家庭社会经济地位及家庭文化资本为主，更加能够体现教育学研究视角以及促进区域教学改进的学校因素。这一点和表 1-2 所呈现的情况类似（教师因素的元分析研究仅有 31 项，在 6 类影响因素中数量最少），本书在此也想发出同样的呼吁：重视教师的作用。

表 1-3　学生学业成就影响因素及频次统计

维度		内容	频次
个体因素	认知因素	智力、原有知识、具体的学习方法和策略等	897
	非认知因素	学习动机、归因、学习效能感、人格、自我概念、自我调节策略等	423
社会支持因素	家庭因素	父母教养方式、家庭氛围、父母文化水平等	976
	学校因素	教师期望、教师教学风格、同伴关系、学校教学质量等	245
	社会因素	民族文化、社区资源等	145

在兼顾国内外已有研究成果中对影响因素的关注度和影响因素的效应大小的同时，保留对学生家庭环境、学生非智力因素学生学业负担的考查。此外，还需着重选取学生家庭、教师、学校和地方教育部门能够参与、干预和操作的影响因素作为研究重点。故分别对以下 5 个主题进行文献综述（详见图 1-2），同样也以这 5 个主题选取相应的影响因素进行分析。

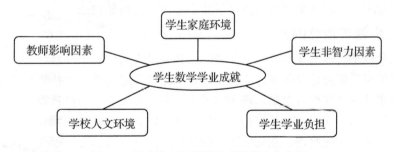

图 1-2　影响学生数学学业成绩的 5 个主题

一、学生家庭环境

在 Hattie 所做的元分析中，学生家庭环境被拆解为社会经济地位、福利政策、家庭结构、家庭氛围（也有研究者将其视为家庭社会经济地位）、看电视、家长参与和家访，其中除了社会经济地位、家庭氛围和家长参与之外，其他因素均未达到"期望效应"。怀特（White）的研究同样也发现家庭氛围（home atmosphere）对学生学业成就的影响较高，在元分析中与学生学业成就的相关系数为 0.58，解释率接近 75％。根据 White 的研究结果，低收入或低学历的家长也可以通过协助孩子完成作业、激励孩子获得更高学历等，这些行为不但能够营造良好的家庭氛围，对学生的学习也很有帮助。但 White 也对这类因素提出了质疑，他认为可能是因为学生较好的学业表现促使家长开始关注其学习情况，从而营造出良好的家庭氛围①，所以，家庭氛围因素不具备传统社会经济地位对学生学业成就影响的稳定性和独立性。此外，针对家长参与因素的实验研究表明，家长参与并不一定有效果，在控制学生和教师因素后，家长参与的影响效应就几乎消失了。因此，在学生家庭环境因素中，社会经济地位的影响较大，且相对基础、独立。此处的综述和下文的研究也主要针对家庭社会经济地位展开。

早在 1966 年，美国著名的《教育机会平等调查》（Equality of Educational Opportunity Survey）就指出："在控制儿童个人背景和一般社会背景后，学校对学生学业成就的影响微乎其微。也就是说，儿童的家庭、社区和同伴环境的不同将导致他们在未来生活和学业成就上的差异。"事实上，更早之前，人们就意识到了学生学业成就与其社会经济背景的紧密联系，甚至认为这种联系是不证自明的，自此之后研究者们开始尝试使用实证的方法验证这种联系，SES 也引发了更多教育研究者的兴趣。量化研究的结果却并未如人们想象的那样具有高度的一致性，甚至还出现了从很强的相关性到完全没有显著相关的多种结论。这些不一致的结果可能是由以下几个方面的原因导致的。

（一）社会经济地位的界定

至今以来，虽然在教育学、心理学、社会学等领域关于社会经济地位和学生表现的相关研究已经数量颇丰，且研究方法也日趋完善，但社会经济地位本身的操作性定义却少有定论，即不同的实证研究中关于社会经济地位的测量方式也不尽相同。切宾（Chapin）将社会经济地位定义为"基于当时的平均标准下，个人或家庭在文化财产、实际收入、物质财富及社区活动参与中所占的地位"。密歇根州立大学在其测评项目中将学生的社会经济地位分为家庭收入、父母教育水平及父母职业 3 个主要因素。还有比较著名的"社会地位特征指数"，它包

---

① White K R, "The Relation Between Socioeconomic Status and Academic Achievement," Psychological Bulletin, 1982.

含职业、收入来源、住房类型及居住地 4 个因素；"二因素社会地位指数"，它包含职业及教育程度。此外，还有研究会涉及家庭规模、教育期望、民族、人口流动性、家庭藏书量、旅行次数，以及学校层的教师薪资、师生人数比、人均开支、教师流失率等因素。

　　White 通过总结近 200 个研究发现，大多数传统研究中的社会经济地位还是主要集中于职业、教育及收入 3 大因素，更符合邓肯（Duncan）等人对于社会经济地位的测量观点。很多实证研究也佐证了这 3 大因素和学生学业成就之间存在中等程度的相关关系，同时也说明了三者间具有独立的解释力。但即便如此，随着社会发展和时代变迁，这 3 大传统因素也在发生变化，如目前的研究多使用家庭资源和母亲学历等来代替单一的父亲学历或职业，西林（Sirin）在此基础上还总结了第 4 种因素：家庭资源，用以刻画学生的家庭能够为其提供的学习条件，如书籍、电脑、书房、课外学习等。

（二）研究单位的选取

　　虽然研究单位的选取并不触及研究问题的本质，但是对统计分析的结果却有不可忽略的影响。在进行相关分析或回归分析时，部分研究直接选用学生个体社会经济地位并以学生为单位进行分析，而另一些研究则是在学校或学区层上取均值并以学校或学区为单位进行分析。事实上，除了家庭社会经济地位之外，教育研究者也尝试使用学校社会经济地位或社区社会经济地位来研究社会经济地位和学生学业成就之间的关系。White 在其元分析中指出，当研究者选取学生个体为研究单位时，社会经济地位与学业成就仅存在较弱的相关（$r=0.22$）；而选取学校或学区为研究单位时，相关系数可以达到 0.73，类似的结论在后来的元分析文献中也得以再现。在此之前，已经有研究者关注到选用不同的研究单位会对统计结果产生较大的影响，并发现选用更大的研究尺度会使相关研究中得到更大的相关系数。Sirin 在其元分析中指出，使用学校或学区作为研究单位，可能会存在"生态学谬误（ecological fallacy）"的风险，即错误地将群体现象引申到个体层面。他还进一步指出，在一些文献综述中常会出现错误的假设，假设认为学校层的相关关系能够代表学生个体或将不同研究尺度的结论混为一谈。

　　以现代统计学的观点来看，这种现象并不难解释，而且已经有了比较完善的解决此类问题的统计模型。一方面，社会经济地位与学生学业成就的相关研究主要集中在初中及其之前的学段，而这段时期社会经济地位是学生择校的主导因素，校内学生的社会经济水平接近，故具有较高的组内（within-school）一致性。因此，在学校层上取均值，会削弱影响学生个性差别较大的因素，如动机、毅力、兴趣、学习时间、智力等，"凸显"在学校层一致性较大的社会经济地位与学生学业成就之间的联系。另一方面，选用较大的研究尺度会存在"生态学谬误"的风险，但这并不代表学校层的结论在学生个体层面就一定是错误的，关键是要谨慎区别不同的研究尺度以避免跨层级下结论。

多水平模型(multilevel models)是解决此类含有嵌套结构问题的理想的分析方法，它以明确的分层结构模型检验每个层级上的效应及各层级间的关系，从而避免传统线性分析模型统计技术在分析嵌套结构的局限性。

(三)学业成就的类型或学生特质

学业成就的类型或学生特质也会对分析结果产生影响，但这种影响相比前文介绍的两种较小，而且结论大多不稳定。学生学业成就测试可以分为语言、数学、科学等，社会经济地位和这几类学业成就之间的相关研究的元分析结果并不一致：有的是和语言类测试成绩的相关性最强，有的是和数学测试成绩的相关性最强，还有的则是并无显著差异。然而统计检验力受样本量影响较大，故在大样本下不应只关注"统计意义上的显著差异"以致人为扩大了社会经济地位与不同类型学业成就关系的差异。就效应量来看，不同类型的学生测试成绩与社会经济地位的相关系数在同一研究尺度上差异很小，说明学业成就的类型、测试的设计对社会经济地位与学生学业成就的关系影响较小。

社会经济地位不但和学生的学业成就有直接关联，还会通过其他学生因素与之产生间接关联，如学区、学校等。社会经济地位所代表的不仅仅是家庭资源，同时也是一种社会资本，它在很大程度上决定了学生的教育资源，如家庭学习环境、学生所在的学校或学区，也包括运用社会网络所调动的与之相关的各种物质及人力资源。

另外，学生的年龄(年级)、民族、地域等也会对社会经济地位和其学业成就之间的关系产生调节作用，但大部分结果都不稳定。

二、学生非智力因素

1935 年，美国心理学家亚历山大(Alexander)首次提及"非智力因素"的概念，其后韦克斯勒(Wechsler)专门对非智力因素进行了细致的界定和深入的讨论。从此，非智力因素的概念和相关研究也逐渐形成和展开。20 世纪 80 年代以来，非智力因素的研究也逐渐受到国内研究者的重视。吴福元等人甚至发现，对于大学生，非智力因素对其学业成就的影响比智力因素更大，并且随着年级升高，影响逐渐增大。

大型国际比较研究表明，亚洲学生在数学、科学、阅读等学业成就表现上存在较大优势，有研究者特别是西方研究者认为不同人种之间存在先天的智力差异，进而影响其学业成就的表现；也有研究者将其归因于文化差异，即亚洲文化圈（儒家文化圈）的学生往往更加勤奋，学习动机、学历期望和学习兴趣较高。但也有研究指出，虽然整体数据表明学习兴趣越高，学生的学业成就越高，但上海和香港的学生的整体学习兴趣却并不高，这说明我国学生学习并非都是兴趣驱动。

事实上，非智力因素是一个内涵丰富的范畴，心理学家对其定义也并不一致。非智力因素包括态度、意志、情绪、兴趣等，而人们在日常生活中提到的勤奋刻苦、态度积极、理想远大等也都包含在列。可以说，智力因素以外的其他因素都可以包含在"非智力因素"之中。高夫（Gough）使用 CPI 量表研究了 18 种性格特质，发现支配性、宽容性、社会化、上进心、责任心等8 种性格特质和中学生学业成就存在显著相关。林崇德等人使用自编量表测量发现，学生学习的目的性、计划性、意志力、兴趣和其学业成就呈显著相关。成子娟研究发现，卡特尔（Catell）人格量表的 16 项人格因素中的稳定性、恃强性、有恒性、独立性、自律性是影响和制约中小学生学业成就的重要因素。李洪玉和阴国恩发现，学生的成就动机、认识兴趣、学习焦虑、学习热情、责任心、毅力等 11 项非智力因素均与学生学业成就存在显著的正相关。

由此可见，非智力因素和学生学业成就关联分析的研究很少有稳定的结果，即便是国内同时期的研究结果也并不一致。究其原因，一方面，非智力因素概念的复杂性，其自身可容纳的诸多元素，且相对缺乏学术研究领域的一致性的内涵描述，甚至有些概念还存在重叠交叉，因此难以在非智力因素和学生学业成就是否存在联系这一问题上得到统一的结论；另一方面，诸如人格因素等非直观因素，采用不同测试工具测量同一种人格特质可能得到不同的结果，即使是使用同样的测试工具，侧重不同、控制因素不同、施测对象不同，也可能带来不同的实证分析结论。例如，同样采用 Catell 人格量表的研究发现，在16 项人格因素①中除"聪慧性（B）"与学业成就存在直接相关，其余的 15 项因素只总体上表现出与学业成就相关，但究竟哪些因素和学业成就之间相关却有很

---

① 16 项人格因素分别是：乐群性（A）、聪慧性（B）、稳定性（C）、恃强性（E）、兴奋性（F）、有恒性（G）、敢为性（H）、敏感性（I）、怀疑性（L）、幻想性（M）、世故性（N）、忧虑性（O）、实验性（Q1）、独立性（Q2）、自律性（Q3）、紧张性（Q4）。

大差异。所以，针对非智力因素与学业成就关系的研讨，应清晰地呈现要素类别与测量工具。

三、学生学业负担

在我国，学业负担问题是一个历久弥新的话题，受到社会的共同关注。中国教育学会前会长顾明远在《又该呐喊"救救孩子"了》一文中，呼吁将孩子们从沉重的学业负担压力下解救出来。自1981年至2013年，我国多个权威部门共颁发了85项关于学业负担的政策文本，其中2000年以后发布的多达50项。2012年PISA报告于2013年12月公布，上海学生继2009年后再度夺冠。但同时报告也显示，上海学生平均每周上课时间为28.20小时，在65个国家和地区中位列第九；参加课外补习时间平均每周2.08小时，同样位列第九；作业时间平均每周13.85小时，位列第一，约是经济合作与发展组织（Organization for Economic Co-operation and Development，OECD）参测国家或地区平均课外作业时间的3倍之多，比排在第二位的俄罗斯高出近4小时。令人瞩目的成绩背后，是令人担忧的学业负担状况。

研究没有给"学业负担"的准确的内涵定义，甚至其自身的情感属性也不确定。有研究者对国内500篇代表性文献进行文献的文本分析，发现其中有289篇（57.8%）将学业负担理解为贬义词，193篇（38.6%）理解为中性词，18篇（3.6%）理解为中性词和贬义词，但大多数研究也是基于学业负担过重的逻辑起点。就我国政府权威部门的政策文件来看，也偏向将学业负担定性为消极词汇，故文本描述多为"控制学业负担"或"减少学业负担"。

学业负担可以视作学生主观感受，苏霍姆林斯基认为"负担过重是个相对的概念""可能因集体和个人智力生活的不同而大有出入"。在测试中常见的指标，如陈传锋等人在调查的中学生对上学的感受、对考试排名的态度、对课业负担的感受等；学业负担也可以理解为独立于个体的客观存在。2013年6月，教育部公布的《关于推进中小学教育质量综合评价改革的意见》提出，将"学业负担状况"作为教育质量综合评价的指标，借助学习时间等指标考查学生的客观学习负担。

对于大型测评项目而言，学业负担多借助学生学习时间的分配来表征。在PISA项目中，将家庭作业、课外学习（包括有偿私人辅导、培训机构、家长协助等）作为衡量学生学习时间的重要指标。在TIMSS的问卷中，会涉及对家庭作业频数、家庭作业时间的调查①。在 NAEP 项目中，也会询问学生在某学科上做作业所花费的时间②。本研究为大规模的测试量化研究，所以国际大型测试对学生学习时间的调查指标更具借鉴意义，以下主要对家庭作业和校外补习两个方面对国内外文献进行梳理与评析。

(一)家庭作业

在美国近代社会的 100 多年中，国家政策和社会舆论对家庭作业的看法出现了数次摆动，赞成和批评的声音也从未间断。哈里斯·库珀（Harris Cooper）是美国家庭作业研究专家，其研究对美国家庭作业的学术研究、政策制定实施以及学校教师都产生了深远的影响。Cooper 对家庭作业的定义为：由学校教师布置，学生在校外时间（non-school hours）完成的任务，后来又将该定义中的"校外时间"修改为"非教学时间（non-instructional time）"。需要注意的是，该"家庭作业"定义将家教、课外辅导班布置的相应作业排除在外。Cooper 从原理上对家庭作业的利弊做了总结，并指出家庭作业既存在积极影响，又存在消极影响：在积极方面，家庭作业有助于学生更好地记忆陈述性知识、增强理解，有利于批判性思维的发展、概念的形成、信息的处理，此外还能有效培养学生的自我引导、自我约束、时间管理和钻研精神；在消极方面，家庭作业可能引起学生的厌烦情绪，使学生的学习兴趣降低，占用过多的课余时间，家长的协助可能造成干扰，拉大不同家庭环境学生的差距。

在关于家庭作业对学生学业成就影响的实证分析中，Cooper 综合分析了20 世纪后半叶的相关研究，并总结出两种研究设计：一种称为实验研究或准实验研究（自 1962 年至 1987 年），另一种是学生家庭作业时间和其学业成就的关联分析。实验研究或准实验研究的常见形式为实验班和对照班，即有的班布置家庭作业，有的班不布置家庭作业，经过一段时间后对比两者的差别。研究发现，布置家庭作业班级的学业成就高于未布置家庭作业班级的学业成就（$d=0.21$），并且年级越高，差异越大（4～6 年级：$d=0.15$，7～9 年级：$d=0.31$，10～12 年级：$d=0.64$）。在所有学科中，数学学科的差异相对较小，家庭作业对计算和概念理解的帮助较大，而对问题解决的作用较小。但其他一些研究者的综述结果却并没有呈现出这么大的差异，他们发现 Cooper 的研究方法存在缺陷。另一种研究通常采用调查测量的方法计算学生家庭作业时间和学业成就之间的相关关系。在综述中 86% 的相关分析结果都呈现出学生

① 详见 http：//timss. bc. edu/timss2015/frameworks. html，2018-03-10。
② 美国国家公民教育进步评估，详见 http：//nces. ed. gov/surveys/，2018-03-10。

家庭作业时间和学业成就之间的显著相关，与实验研究或准实验研究的结论不同，数学学科的效应最强($r=0.22$)。但也有研究者指出非实验大规模测量研究所存在的问题，即家庭作业时间和学生学业成就的因果关系无法确定。

自 Cooper 之后，有研究者试图使用大样本和更高级的统计方法，如路径分析和结构方程模型，引入更多的控制变量，探索家庭作业时间和学生学业成就之间的关系。基思（Keith）等人的研究发现，在控制了其他因素之后，家庭作业时间对学生学业成就有积极影响，但效应较弱。

（二）校外补习

史蒂文森（Stevenson）和贝克（Baker）在研究日本高中生补习情况时提出了"影子教育（Shadow education）"的概念，并将其定义为旨在提高学校教育的学业成绩，发生在正式学校教育之外的教学活动。因为这种"校外的教学活动"依附主流教育系统而存在，所以可以视为主流教育系统的"影子"，其内容会随主流教育的变化而变化，规模也会随主流教育的发展而壮大。"影子教育"的现象在亚洲，特别是在东亚，历史悠久，且规模巨大。有调查研究表明，中国香港约有85％的高中生参与课外补习，韩国有近90％的小学生参与课外补习，即使在亚洲相对落后的地区，如印度西孟加拉邦也有近60％的小学生参与课外补习。事实上，课外补习并不是东亚国家独特的教育现象，其一方面受儒家文化影响，因为儒家文化有成功是靠"努力"取得的传统思想；另一方面受选拔性考试和教育个人收益率的驱动。例如，原先几乎没有课外补习的英国，随着选拔性考试的兴起，在2005年已有近20％的中学生开始参加数学课外辅导，在欧洲其他国家的课外补习现象也已不容小觑（详见附录1）。

无论是学生主动参与课外补习，还是在家长的驱使下被动参与，其目的是提高学业成绩，并且大部分家庭都对课外补习的有效性坚信不疑。但课外补习和学生学业成就的数据分析并未能得到稳定的研究结论。纳特（Nath）分析孟加拉国的全国调查数据发现，有49.6％参加过课外补习的11～12岁的小学生达到了基础教育评测标准，而在没参加补习的学生中这一比例只有27.5％。管（Kuan）对中国台北的10 013名九年级的学生进行调查分析发现，参加补习的学生成绩较好，学习动机较强，家庭社会经济地位也较高。刘（Liu）使用同一数据库中13 978名七年级学生样本分析发现，课外补习（每周课外补习时间）对数学学业成就有积极影响，但同时也指出，随着时间的增长，影响会变小。孙（Sohn）等人总结了韩国的11项研究，发现虽然补课时间与学生学业成就呈正相关，但一旦控制学生背景变量之后，两者并不存在显著相关。卞（Byun）进一步研究发现，侧重于应试技巧的课外补习班在提升成绩方面效应很小，且其他形式的补习班(一对一辅导、网络课程)几乎无效。张羽等人在我国北京的一项追踪调查中发现，控制学生背景后，学生在小学阶段参加课外补习对其初中的学业成绩的影响比较复杂。小学低年级参加数学课外补习对初中的初始成绩有负面影响，小学高年级参与课外补习能在一定程度上提高学生在初中的初始成绩，但对整个初中阶段的学业增长有负面影响。

总体说来，家庭作业和课外补习并不总是有效。或者说，对不同年级、家庭背景、原始成绩、补课类型的学生来说，校外补课对其学业成就的影响也不同，有可能在控制各类变量后，校外补习的作用甚微。

四、学校人文环境

目前，已有相当数量的研究论证了学校人文环境对学生学业成就的重要影响。早在 20 世纪初期，就有研究者指出学生会受到学校人文环境的影响，因此学校的价值并非仅仅是为学生提供学习的场所。安德森(Anderson)认为，学校人文环境的研究起源于"学校效能"中影响个体行为的情境因素。自 20 世纪 50 年代起，研究者开始系统地对学习者的组织环境进行研究，测量学校人文环境，特别是教师的人际关系。除了学业成就，学生对自我的认识、对未来的期望以及对教育的态度也会受到其在学校人文环境中的感受和人际关系的体验影响。

萧赖伯格(Freiberg)指出，学校人文环境对学生学习的影响几乎和学校教学同样重要。同时霍伊(Hoy)和佐渡(Sado)也发现，积极的学校人文环境有利于学生的健康发展。一些实证研究也证明了学校人文环境对学生学业成就存在直接的积极影响。和其他社会系统一样，学校包含一系列相互作用的影响因素，而个体利益相关因素无疑在学校效应中扮演着重要的角色。Freiberg 建议通过各种视角，收集学校中不同利益相关者(学生、教师、领导等)的数据，共同构成学校环境测量的组成部分。因此，学校环境的测量既包括其中个体的行为表现，也包括对其他个体表现的看法。阿杰恩(Ajzen)进一步将其阐述为事件、人物和关系，因为个体的行为表现通过对以上三者的所见、所闻、所感而形成。所以，对周遭事件、人物和关系的感知是测量学校人文环境的有效方法。

(一)学校归属感

西方文献中对学校归属感(sense of school belonging)的研究已有一定规模的积累，至今仍为颇受重视的热点话题。很多研究证实学校归属感对学生学业成就具有显著的积极影响。罗瑟(Rosser)等人发现，学校归属感对学生学业成绩有着显著的积极预测作用。芬恩(Finn)在研究中发现,学生的学校归属感来自学生对学校的认同,同时学校归属感也会有助于其学业成就的提高。古德诺(Goodnow)发现,学生具有较高的学校归属感不仅可以促进其学业成就的提高,还可以有效降低辍学的比例。

国内的同类研究往往多见于心理学(教育心理学或发展心理学)领域的学位论文。孙小玉发现学生的学校归属感和其学业效能感呈显著的正相关,并且还指出,学校归属感在地域、年级、独生子女情况上存在显著差异,农村学生的学校归属感高于城市学生,初中生高于高中生,非独生子女高于独生子女。张晓兰也发现学校归属感与学业成绩存在较高的正相关,并且在性别、年级、独生子女情况上存在显著差异,女生的学校归属感高于男生,非独生子女高于独生子女,并且学校归属感在自我效能感对学生学业成就的影响中起完全中介作用。裴菁菁也指出学校归属感与学业成就存在高相关,学校归属感高的学生其学业成绩也越高,但并未发现初中三个年级间的显著差异。此外,学校归属感能够在人格特质对学业成绩的影响中起完全中介作用。

(二)同伴关系

相对于儿童和低年级学生,初中生在校时间显著增长,其学校生活占据了日常生活的大部分比重,所以同伴关系在此特殊的年龄阶段显得尤为重要。同伴关系对青少年人格发展、人生观和价值观的形成有着重要影响,起到了与成人关系无法替代的特殊作用。

研究表明,学生在学校的同伴关系和其在学校中的表现存在显著关联,在学校中受同伴欢迎的学生往往也会表现出更高的学习动机、更多的学习投入、更强的自尊心和更高的学业成就表现。在这些研究中,有结果表明学生的同伴关系能够直接影响其学业成就,也有结果表明同伴关系是通过影响学生的学习动机、学习投入等间接影响学生学业成就,还有通过路径分析展示了同伴关系、学习投入和学业成就间的多重影响模式。

(三)师生关系

教师与学生的关系(师生关系)对学生的发展起很大的作用,这在教育学、心理学领域已达成广泛共识。由于教师在学生心目中角色的特殊性,其对学生的期待与评价,都会直接影响学生的自我意识、行为表现、教学互动和学业成就,是学生知识和身心发展的重要影响因素。多数研究发现,积极的师生关系将带来更高的学业成就和更高的升学率。此外,良好的师生关系还有助于形成良好的学习习惯、提高学习动机和学习投入。

有研究者尝试使用自我决定理论（Self-Determination Theory，SDT）解释师生关系和同伴关系对学生的学习投入和学业成就的影响。自我决定理论中的三大基本心理需求包括自主、能力和关系。其中的关系即为学生和教师以及同伴的人际关系、交流互动，其中传递出的积极情绪将满足个体的基本心理需求。甚至有研究发现，人际关系是学校行为中对学生学习投入影响最大的预测变量，同时，良好的师生关系和同伴关系对学生的另外两个基本心理需求也有积极的激励作用。

但也有研究者认为，学生的学业成就也会反过来对其在学校中的人际关系产生影响。例如，教师往往更加偏爱学业成绩优秀的学生，即使这种影响并非出自教师的本意，但总会潜移默化地影响师生间的互动交流。同样地，实验研究也有证据支持该观点，教师更喜爱学业成就高的学生，学业成就高的学生也更容易获得教师和同学的青睐。

尽管学生对人际关系的心理需求（同伴关系、师生关系）和其学业表现之间关系尚待明确，但可以确定的是同伴关系、师生关系和学校归属感一样，在学校人文环境对学生学业成就影响的研究中扮演着重要的角色。

五、教师影响因素

有研究指出，有 7%～21% 的学生学业成就差异与教师影响的变化有关，特别在社会经济地位较低的学校中，教师对学生学业成就的影响要大得多。基里亚季斯（Kyriakides）等人在使用自陈式方法测量教师影响的标准化研究中总结了教师影响研究的 3 种主要范式："预期—结果""过程—结果"和"课堂行为之外"；此后，他们又按照年代顺序总结了教师影响研究的 4 个时期："预期—结果""实验研究""过程—结果"和"教师知识及信念"。结合这两种分类，将教师影响研究的进程总结如下。

(一)"预期—结果"研究

该时期的研究主要关注教师特质，试图找出高水平教师的心理学特征，如人格特征（如放任主义、教条主义、个性率直），态度（如教学动机、学生亲和力、教学信念），经验（如教龄、年级教学经验），能力或成就（如专业意见、学生评价）。

尽管这类研究在优秀教师应具有的品质方面达成了一些共识，但终究未能给出教师心理学要素和学生表现之间关系的有力证据。

(二)"过程—结果"模型

该类研究主要关注教师的相关行为，探究某种教学方法对学生学业成就的影响。但因为不同的教学方法之间的差异没有显著到能给学生学业成就带来明显的不同，所以大部分此类研究的结果也都不是特别明确。

20世纪五六十年代，人们认为通过营造良好的课堂环境及提高教师的教学技能可以达到提升学生学业成就的目的，从而引发了观察测量教师课堂教学行为的研究热潮。自1970年开始，各种课堂观察系统兴起，研究者们将教师教学行为视为学生学业成就的预测变量展开研究，发现了众多对学生学业成就产生积极影响的教学行为。缪斯(Muijs)和雷诺兹(Reynolds)指出课堂环境是教师效能研究中的一个显著变量，但课堂环境本身并不是问题所在，关键是学生的积极响应，高水平教师希望所有学生都能取得成功，并能让学生感受到教师的殷切希望。

(三)"课堂行为之外"

也有很多研究者在关注课堂教学行为之外的教师变量。Wang，Haertel 和 Walberg 总结了几类课堂教学行为之外的教师变量。

1. 学科知识

学科知识一直被广泛地认为是教师效能的重要因素，但在实证研究中却缺乏有力的证据支持。美国有很多研究使用教师在国家教师考试(National Teacher Examinations，NTE)中学科知识的得分与学生学业成就进行数据分析，其中大部分研究结果表明，无论是积极影响还是消极影响的效应都很小或在统计意义上不显著。博里奇(Borich)指出，无论使用何种方法测量教师学科知识，均与其课堂教学及学生学业成就几乎没有显著的相关关系。蒙克(Monk)给出了一种可能的解释，教师学科知识与学生学业成就之间可能存在非线性关系：教师所具备的学科知识在一定限度内对学生是有利的，一旦超过临界点，学科知识反而会对学生学业成就起反作用。达令哈蒙德(Daling-Hammond)的解释则是教师的学科知识只会影响学生的某些基本技能，而对其后的教学效果影响很小。

2. 教学知识

除了学科知识之外，教师需要通过专业培训及相关教学实践经验以获得教学内容知识，包括教学方法的知识、对所教内容的理解、对所教学生的了解等，影响教师的教学行为和教学效果，对教师和学生都具有重大的意义。其内涵也从单一发展为多元，从静态结构转变为动态生成。英国教师培训局(Teacher Training Agency)研究指出，相较单纯的学科知识，教学内容知识对教师效能的影响更大，也有大量的实证研究证明了该结论。

3. 教师效能和信念

自20世纪末以来，越来越多的教师效能研究开始关注教师信念。有研究者指出，教师关于教学和其教学内容的信念、态度往往比可以观察到的教学行为更加重要，教师的信念和教学实践存在交互影响，是一种动态的双向关系。在大型国际测评项目中，教师的教学信念往往也被作为一项预测指标，用于研究和学生学业表现之间的联系。

教师效能感的研究主要可分为两大流派：一是阿莫尔(Armor)在美国兰德公司(RAND)发布的一项关于学校阅读项目的分析报告中所提出的"个人教学效能感(personal teaching efficacy)"和"一般教学效能感(general teaching efficacy)"，这种教师效能感被定义为"教师相信他们能够影响学生表现的程度"或"即使面对学习有困难或学习动机不明确的学生，教师相信自己能够影响学生的学习"；二是班杜拉(Bandura)从认知心理学视角将教师效能感定义为自我效能感的一种，教师效能感则被定义为教师相信他们有能力提供有效的教学以供学生获得较高的学业成就。研究发现，教师效能感和学生学业成就及学生效能感、学习动机等存在显著相关。

六、小结

通过对学生学业能力影响因素相关研究的梳理，可以发现现有研究呈现出以下特点。

第一，多数研究都是单一因素的研究结果，在数据分析的过程中未能有效控制其他因素，更没有探索因素间的相互影响关系。在此，需要进一步阐明的是，所谓"基于单一因素的研究结果"并非指研究仅涉及一个自变量。事实上，在诸多研究成果中，也能看到研究者选取了一系列影响因素，但只是孤立地分析了每个因素的影响，在数据分析过程并没有关注到影响因素的整体效应及相互之间的关系。如若将研究的关注点仅局限于每个因素对因变量的单独影响，最终结果只能形成一串冗长的相关系数的清单，无法有效解释多个因素的相互影响和叠加作用，也无法更为清晰地还原与呈现学业能力发展的动态性与复杂性。

第二，就学业成就与影响因素的关系，前文的研究提供了较为丰富的结论。但是研究结论往往不具有较强的持续性与稳定性。同一影响因素在不同的研究过程中可能会得到不同的研究结果，并且结果之间可能存在较大差异，甚至是自相矛盾(如学业负担的研究)。研究结论的异质性是因为测量过程中的随机误差，或因为研究对象群体差异、测试工具设计差异或更多不确定因素。但更重要的是，研究者对大数据分析方法的忽视：一方面，未能注意到嵌套式数据结构中的组间差异，以及多群体中不可忽视的"池塘效应"，进而只对大样本进行简单回归分析，以致得出不准确甚至错误的结论；另一方面，部分研究缺乏对原始数据的观察，而直接套用软件和统计模型输出结果，忽视了对模型拟合度和效应量的考查。

第三，现有研究大多着眼于"静态因素"，缺乏对教育实践因素，特别是教师教学相关因素的调查研究。纵观国际上教师影响研究发展的各个阶段：从最初的关注教师人口学和心理学要素的研究，到后来实验研究兴起，开始关注教师的课堂教学行为和教学模式的研究，再到关注教师教学信念和教师教学知识的研究，关注点逐步由显性转向隐性、由表面深入内核。但就近年的研究来看，我国目前大多数的教师效应研究还处于最初阶段，即采用教师人口学因素等"方便数据"。当然，并不能说"静态因素"就一定不重要，因为分析已有研究可以发现，教师教龄、学历等信息对学生学业成就存在较强的预测作用，所以在后继的研究范式中也同样会有所兼顾。第二阶段课堂教学行为和教学模式的量化研究尚处于起步阶段。教学因素势必会增加量化数据的提取难度，因为教师教学变量显然比"静态因素"难以调查。事实上，OECD 就有一项专门针对教师的"教师教学国际调查项目"（Teaching and Learning International Survey，TALIS），但在我国教育研究领域还未能得到和 PISA 一样的关注。教师作为具有特定领域教学知识的专业人员日渐成为一种共识，研究者也越来越认识到，教师本身的学科教学知识影响着教师教学，进而在很大程度上影响着学生的学习，所以在国内进行专门针对教师学科教学知识的测查是十分必要的。

第四，需要特别指出的是，通过已有研究对我国近 25 年来学生学业成就影响因素的梳理，可以发现，多数研究者对独具我国特色的影响因素关注较少。例如，占据西方学术研究主体的欧美发达国家的学生背景因素为社区资源差异，但在我国，主要是城乡二元结构所导致的地域差异而非社区资源差异，所以在控制学生背景因素时不能仅考虑其父母职业、学历、家庭资源，还需要兼顾我国特有的地域、独生子女等因素。另外，我国城市中普遍存在的周末、假期学生参加各类家教补习、课外辅导班、兴趣班的现象，使得学生学业成就影响因素的研究已经不能仅仅局限于学校教育，课余学习也成为影响学生学习表现不可忽视的因素。

第二节　研究问题

基于对目前研究现状的总结，提出以下研究问题。

初中生的数学学业成就受到来自学生、家庭、学校多方面的影响。本书试图在数据分析时还原真实的学生数学学习环境，尽可能兼顾各方面的影响因素，探究这些因素对中学生数学学习效果的影响。

考虑到影响因素的多样性和复杂性，不同因素之间会产生干扰，因此，在综合目前国内外研究现状、突出可变的"改进因素"和我国国情特点的基础上，基于前文对研究现状的分析，确定5个影响因素模块：学生家庭环境、学生非智力因素、学生课余学习、学校环境感受和教师影响因素。

按照研究层次的递进，可将问题具体拆解如下。

(1)学生的基本特征(性别、家庭结构、地域性质)对其数学学业成就是否存在影响？影响有多大？

(2)5个模块独立研究，其内部各个子因素对学生数学学业成就是否存在影响？影响分别有多大？影响因素的影响模式是否稳定，还是彼此之间存在调节效应？

(3)综合考虑所有因素，各个因素对学生数学学业成就存在怎样的影响？哪些因素的影响大，哪些影响小？在其他因素既定的情况下，数学教师能够对学生的数学学习产生多大的影响？

第二章 研究设计

前文多次提及的"元分析"是一种快速累积样本，并通过大样本刻画某种影响效应的统计方法。但这种方法在我国现阶段并不容易实践。首先，最主要的是文化的差异性，我国教师教数学、学生学数学都和西方具有较大差异，所以研究对象是异质的，不能将西方研究的数据分析结果直接推广到我国数学教学上。其次，由于元分析中的各个影响因素分属于不同的研究，因此无法在累积的总样本尺度上综合考查所有影响因素在一起时会对学生学业成就产生什么样的影响，以及因素之间的相互影响。所以研究结果多是一串孤立的影响因素的效应大小。最后，也正是我国大规模测试的优势，其样本量足以超过西方的不少元分析所累积的样本，所以从元分析技术的目的来看，本书也并不需要通过其他研究结果扩充样本。此外，相比用其他对象的结果指导当地教学，用当地的数据解释当地独有的教育问题显得更有价值。也正是因为大规模教育测量背景下大数据的存在，MKT测试的教师数量已经远远超出美国原本所开发工具测试样本的数量级，原有根据美国测试结果修正的理论模型不得不在我国再次调整。因此，本研究所面对的不仅仅是测试工具的汉化与内容的本土化，更是理论框架与本土教育文化传统的有机融合。

此外，大规模测试在测试工具上也是数量众多。事实上，项目数据所包含的影响因素测试工具远不止本研究中所呈现的学生家庭环境、学生非智力因素、学生课余学习、学校环境感受和教师影响因素这几类，但本研究在兼顾教育环境复杂性的同时，重点关注学校、教师可以直接或间接干预的因素。因此，其他研究者大可对本研究的因素分类提出质疑和批评，但也请关注本研究设计的理念和侧重。

本书将系统地对中学生数学学业成就影响因素进行复合效应分析，而非孤立地考查单一因素的影响作用。所谓复合效应分析，并非只是研究包含的因素种类多，同时更要考虑因素之间的相互影响和调节，影响因素共同作用叠加于学生数学学习时的效果，将研究问题还原到学生所处的真实环境中，更为全面而客观地呈现诸多社会与个体因素在学业能力发展过程中的作用。

但是，在研究过程中，复合效应分析也有其自身的局限性。在真实的教学与学习环境中，影响中学生数学学业成就的因素不胜枚举，而因素与因素之间的互动样态又错综复杂，因此本研究无法将其穷尽。与此同时，各影响因素之间可能存在相关关系，这种多重共线性（multicollinearity）会导致统计模型失真或难以准确估计。因此，将初中生数学学业成就的影响因素拆分成不同的模块，先完成每个模块的独立分析，待厘清每个模块内部的代表性因素的影响作用与交互作用后，再抽取每个模块的影响因素进行复合效应分析。模块的划定主要遵循以下原则。

(1)基于文献综述与理论脉络的梳理与分析，总结、提取已有研究成果中的影响因素；

(2)尽量兼顾学生个体、家庭、教师、学校等多个层面的影响因素，实现研究问题解决程度的最大化；

(3)基于教育改进的视角，重点关注改进因素(如教师教学、师生关系、学业负担)，同时兼顾(半)固定因素(如学生性别、家庭资源、父母学历、所在地区)。

基于上述原则，将中学生数学学业成就影响因素研究的问题拆解为以下 5 个模块。

(1)学生家庭因素(父母学历、职业、家庭资源等)；

(2)学生非智力因素(自信心、动机、期望等)；

(3)学生课余学习(作业量、家教、辅导班等)；

(4)学校环境感受(学校归属感、人际关系等)；

(5)教师影响因素(性别、教龄、学历、职称、工作投入等，还包括教师教学知识和教师自我效能)。

学生家庭因素模块经过文献综述的筛选，限定于学生社会经济地位的因素研究。社会经济地位的经典 3 大变量为职业、教育和收入。考虑到本书的研究对象为初中学生，他们可能并不了解家庭收入的真实情况，因而使用家庭资源替代家庭收入。目前对社会经济地位和学生学业成就的研究结果显示，两者的关联从小于 0.1 到大于 0.7 不等，差异较大。不一致的结果主要是由对社会经济地位本身的测量、研究单位的选取及学生的特质所引起的。也有一些研究选取学校群体研究社会经济地位对学生数学学业成就的影响，这种做法可能会放大社会经济地位的效应，且本书是将学生的家庭环境视为"固定因素"起控制作用，所以应放在学生个体层面进行分析。本书预期会发现 3 个子因素与数学学业成就中等程度的相关，而不同子因素的影响大小会有一定差异。

学生非智力因素模块对学生学业成就影响的研究规模近年来逐渐增大，但"非智力因素"内涵丰富，研究人员对其的定义也存在较大差异，除了智力因素之外的因素似乎都可以被界定在"非智力因素"的范畴之内。参考国际大型测试对于非智力因素的调查中影响较大的因素，以及"区域教育质量健康体检与改进提升"项目中已经调查的因素，并且重点关注教育心理学范畴的因素，最终选取了自信心、学习动机(包括学习兴趣)和学历期望作为子因素进行研究。预期自信心或学历期望在相关子因素中有最强相关，内部动机的影响力会高于外部动机。

在学生课余学习方面，目前我国社会对初中生学业负担的普遍共识是压力过重。"学业负担"的广义定义中还包括学生的学习压力、对上学的感受、对考试的态度等主观因素，但大型测试项目通常会采用学习时间来客观描述学生的学业负担。PISA 测试结果表明，我国上海 15 岁学生的学习时间，特别是课外作业时间是所有参测国家和地区中最长的，甚至达到国际平均水平的 3 倍之多。同时，课外补习(也称为"影子教育")在东亚地区十分流行，并且已呈现出风靡全球的趋势。所以，在学生学业负担对其数学学业成就影响的研究中，自然不能忽视课外补习的影响。考虑到我国教育体制和管理的独特性，初中生的数学课程时间基本固定统一，所以本书对学生学业负担的描述主要是课余学习时间。学业负担对学生学业成就影响的结论不一，已有文献几乎呈现了所有可能的结果：没有显著影响、负向影响、积极影响、非线性影响。结合现有研究结果，本书提出假设：学生的学习时间和数学学业成就整体呈倒 U 型曲线关系。以往研究的调查因样本分布不同，捕捉到了曲线的不同局部，才导致了不一致的结果。

学校环境感受模块的提出主要是基于校园人文环境因素作为学生学业成就影响因素研究热门的现状。关注校园人文环境因素，不单是基于学生学业成就的研究目的，也因为学生的世界观、人生观、价值观等非智力水平的发展也都会受到校园人文环境的影响。特别是随着学生年龄的增长，学校中的同伴和教师的人际互动已然超过初中生和家长的互动，校园人际关系起到了家庭因素不可替代的作用。本书以学生为抽样对象，测量因素是从学生个体视角出发的同伴关系、师生关系和学校归属感，不包括教师视角的人际关系因素，故拟定模块名称为"学校环境感受"，和多视角综合考量"校园人文环境"以示区别。在学校环境感受的三种子因素中，本书预期会发现与学生数学学业成就不同强度的关联。

和 Hattie 的观点一致，本书也十分强调教师的作用。因此本书提出第 5个模块，即教师影响因素模块。显然，教师在课堂教学中占主导地位，是教育改革和教学改进的直接作用力。在西方教师效应研究的各个历史阶段，从起初教师人口学和心理学的静态因素的研究，到实验研究兴起后对教师的教学行为学的研究，再到课堂之外的教师知识和自我效能感的研究，研究方式从简单到复杂，研究内容由表及里，逐步深入教学质量的核心。虽然我国起步稍晚，但也逐渐发生了从思辨到实证的研究范式的转变，西方的教师效应研究趋势也为我国的同类研究和教师专业发展探明了方向。本书考虑到需要大规模测试并量化表述教师影响因素的实际需求，不便于开展教师课堂行为的编码分析，保留其他两类研究范式，即调查教师的性别、年龄、教龄、学历、职称、工作时间、数学教学知识和自我效能感等。需要特别强调的是，MKT将以测试的方式进行，而非问卷调查。根据文献综述，本书提出教师影响因素的假设，预期MKT将对学生数学学业成就有重要影响。

在上述提及的诸多影响因素中，学生的性别、家庭结构、地域性质、家庭环境、非智力因素属于"固定"或"半固定"影响因素，这些因素对中学生数学学业成就的影响是整个研究问题的基底，诠释了中学生数学学业成就变异的固定或半固定来源。学生课余学习、学校环境感受、教师影响因素属于可变的"改进因素"。

为对每个模块进行细致的分析，在每个模块的内部，首先，采用相关分析，确定模块内各因素与学生数学学业成就的关联性；其次，在控制学生的性别、家庭结构、地域性质的基础上，分别加入模块内各因素进行层次回归分析，探寻模块内部各因素同时对学生数学学业成就的影响情况；再次，在这个过程中，注意模块内部各因素独立及不独立的影响大小，探讨各因素可能的共变性；最后，利用一般线性模型，研究性别、地域性质对模块内各因素影响大小的调节效应，并探讨模块内各因素之间可能存在的调节情况。

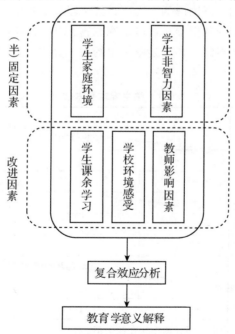

图 2-1　中学生数学学业成就影响因素研究设计示意图

在单独分析各模块的基础上，最终需要同时分析 5 个模块的共同作用。为避免同时纳入模块内所有因素造成严重的多重共线性以致出现结果错误或过拟合，在整体分析前，采用主成分分析（principal component analysis，PCA）的方法，对每个模块内多个因素进行合成，得到了每个个体的整体模块情况，并只将各模块的成分。作为该模块情况进入最终的整体分析。最终的整体分析会针对学校嵌套的数据特点，利用多水平模型进行分析，分步考查各模块单独的影响效应，以及同步考查的叠加效应。

第一节　研究对象

中国基础教育质量监测协同创新中心的"区域教育质量健康体检与改进提升"项目对我国东部 Z 省内 501 所中学的九年级学生及对应的数学教师进行抽样，研究对象来自 Z 省 11 个地市 90 个区县，涵盖了 Z 省的全部行政区域，对研究该地区的初中生有很高的代表性。经过数据清理后，有效的学生样本为25 029 人（每所学校至少 20 人，大部分学校为 50 人左右），民办学校学生占14.1%，数学教师样本为 2 769 人。

学生样本中男女所占比例基本均衡，男生略多于女生。家庭结构中独生子女的所占比例略高于非独生子女，单亲家庭占 6.6%。乡镇农村的学生所占比例最高，接近学生样本的一半，县城学生约占三分之一，城市学生所占比例最少（详见表 2-1）。

表 2-1　学生样本基本情况

学生变量		人数	比例
性别	男＝1	13 173	52.6%
	女＝2	11 856	47.4%
家庭结构	独生子女＝1	13 267	53.2%
	非独生子女＝2	11 670	46.8%
	单亲家庭＝1	1 645	6.6%
	非单亲家庭＝2	23 109	93.4%
地域性质	城市＝1	5 157	20.6%
	县城＝2	8 239	32.9%
	乡镇农村＝3	11 633	46.5%

注：以上"比例"为有效频率，部分选项存在缺失值。

按照前文的说明，本书将涉及的诸多自变量分为"无法改变"或"几乎不可改变"的"（半）固定因素"，以及区域教学改进视角可变的"改进因素"两种。而表 2-1 中的学生基本情况无疑为"固定因素"，在研究中也将其视为基本控制变量或条件变量使用。本书会在数据分析时考虑（控制）"固定因素"对学生数学学业成就的影响，但并不关注因固定因素本身而产生的差异，如性别差异、城乡差异等。

由于地域性质为三分类无序变量，因此将地域性质重新编码为两个哑变量（dummy variable）并纳入线性回归分析中使用，而在一般线性模型中仍采用三分类编码进行分析。得到的两个哑变量分别为是否为城市、是否为乡镇农村，因此城市被编码为（1，0），县城被编码为（0，0），乡镇农村被编码为（0，1）。

第二节　研究工具

该部分仅介绍本书所涉及的测试工具，测试工具的具体内容将在具体章节中阐述。

一、学生数学学业成就测试

学生数学学业成就测试形式为纸笔测试，测试时间为 100 分钟，主要从内容和能力两个维度来全面考查《义务教育数学课程标准（2011 年版）》所要求的八年级学生[①]应当掌握的数与代数、图形与几何、统计与概率、综合与实践等内容及其应当达到的能力水平。组卷以体现课程标准对学生的基本要求为主，并设置有难度的题目考查学生的数学潜能。

测试结果分析采用经典测量理论和项目反应理论（Item Response Theory，IRT）结合的方法，试题难度分布合理，符合测试的性质和目标；试题区分度大部分在 0.4 以上，对学生的能力进行区分；试题信度均在 0.85 以上，保证了测量的科学可信。数学学业成就得分采用项目反应理论估计得到的能力分数转换后的量尺分数（对于全国测试总体，总分转化为平均分为 500，标准差为 100 的量尺分数）。

二、MKT 测试

教师测试的目的是测量 MKT，选用美国密歇根大学 LMT（Learning

---

① 测试时间为九年级学生的开学阶段，故测试内容为九年级内容。

Mathematics for Teaching，LMT）团队所开发的 MKT 测试工具，借助 MIST-CHINA 国际合作项目早期的研究成果加以优化。

教师测试工具参照《义务教育数学课程标准（2011 年版）》将试题内容划分为：数与代数、图形与几何、统计与概率、综合与实践，对课程标准划分的课程内容都有涉及；根据 MKT 理论框架，将试题的数学教学知识划分为：一般数学内容知识（Common Content Knowledge，CCK）；特殊内容知识（Specialized Content Knowledge，SCK）；内容和学生知识（Knowledge of Content Students，KCS）；内容和教学知识（Knowledge of Content and Teaching，KCT）。

三、学生和教师调查问卷

学生问卷调查的内容包括学生的基本情况（包括性别、年龄、家庭信息等）、品德行为、心理健康、学校归属感、师生关系、同伴关系、亲子关系、兴趣爱好和学业负担等，教师问卷调查的内容包括教师的基本情况、学历、任职经历、职称、教师教学策略等。本书所涉及的影响因素将在后文各章节中进行描述。

第三节　统计方法

本书主要涉及的统计方法包括：用于计算学生测试、教师测试，合成问卷因素的项目反应理论，用于初步探索模块内因素与学生数学学业成就关联性的相关分析或方差分析，描述各因素贡献和因素间交互作用的回归模型和一般线性模型，合成模块内因素的主成分分析，以及刻画模块内因素对学生学业成就影响的多水平模型。

需要注意的是，本书进行的相关分析、回归分析、方差分析和一般线性模型所用到的统计检验量为 t 值和 F 值。

t 值的计算公式为

$$t = \frac{\overline{X} - \mu}{\sigma_X / \sqrt{n}}。$$

其中，$\overline{X}$ 为样本平均数，μ 为总体平均数，σ_X 为样本标准差，n 为样本量。

F 值的计算公式为

$$F = \frac{\sum n_j (\overline{X}_j - \overline{\overline{X}})^2 / r - 1}{\sum\limits_j \left[\sum\limits_i (X_{ij} - \overline{X})^2 \right] / n - r} 。$$

其中，$\overline{X}_j$ 为第 j 种水平的样本均值，X_{ij} 为第 j 种水平下的第 i 个观察值，n_j 为第 j 种水平的观察值个数，$\overline{\overline{X}}$ 为总均值，r 为水平数，n 为样本量。

由 t 值和 F 值的公式可以发现，样本量 n 可以影响 t 值和 F 值的大小，而当 n 过大时，t 值和 F 值会变得很大，其对应的累积概率会非常接近 1，从而导致 p 值极小。换言之，当 n 过大时，统计结果会更容易显著。

由于学生的样本量较大，所以在进行统计分析时，不应只关注结果是否显著，同时也应注意效应量的大小。效应量作为描述统计量，是衡量作用强度或者因素关联强度的指标。与显著性检验不同，其统计思路是用主要变量引起的效应差别除以相应的标准误差，效应量指标不受样本量大小的影响。如果效应量过小，即使统计检验达到了显著水平，也可能不具备实际意义。

效应量指标通常可以分为三类：差异类，如前文提到的元分析中的 Cohen's d；相关类，如相关系数 r、解释率 R^2（回归分析）、η^2（方差分析）；组重叠，如 I。

一、试卷和问卷的分数合成

使用项目反应理论计算学生数学学业成就测试、MKT 测试分数，以及合成问卷因素分数。

在学生的数学学业成就测试中，学生的数学能力或素养被视为潜在特质（latent trait），可以使用测验分数来估计，对于问卷测量学生的某项特征也是如此。如果将潜在特质赋值为一个变量 θ，学生在第 i 题上的得分概率 $P_i(\theta)$ 会随着 θ 的变化而变化，而项目反应理论的关键也就在于确定 $P_i(\theta)$ 与 θ 的关系。下面需要根据题目和问卷的计分类型进行讨论。

学生测试中的选择题或填空题（答对得 1，答错得 0）以及问卷中的二分选项（如 0＝否，1＝是），得 1 分的概率模型为

$$P_i(\theta_n) = \frac{\exp(\theta_n - \sigma_i)}{1 + \exp(\theta_n - \sigma_i)} 。$$

其中，θ_n 是学生 n 的潜在特质估计值，σ_i 是学生在问题 i 上的反应变量（取值 1 或 0），$P_i(\theta_n)$ 即为学生 n 在问题 i 上得 1 分的概率。

需要呈现计算过程按步骤得分的解答题以及超过两个选项的问卷问题（如五点量表），需使用分步计分模型：

$$P_{xi}(\theta_n) = \frac{\exp \sum\limits_{k=0}^{x} (\theta_n - \sigma_i + \tau_{ij})}{\sum\limits_{h=0}^{mi} \exp \sum\limits_{k=0}^{h} (\theta_n - \sigma_i + \tau_{ik})}, xi = 0, 1, \cdots, mi \text{。}$$

其中，θ_n 是学生 n 的潜在特质估计值，σ_i 是学生在问题 i 上的反应变量，τ_{ij} 是步骤参数，$P_{xi}(\theta_n)$ 即为学生 n 在问题 i 上恰好得 x 分的概率。

一个学生完成所有测试题或问卷后即可得到一个作答向量，可以使用极大似然估计来估计 θ。同样地，n 个学生完成后即可得到作答矩阵，可以使用联合极大似然法，估计出所有学生的潜在能力水平以及试题参数（本书使用的是单参数 Rasch 模型，所以项目反应理论仅估计试题的难度参数）。

二、影响因素间的交互作用

在教育研究中，特别是大规模调查研究，通常不会干预调查对象做严格的实验研究准备。以本书为例，回归分析中包含两个以上的影响因素，并且无法采用严格的实验研究方法保证影响因素的完全独立性。也就是说，影响因素除了会影响学生的数学学业成就之外，影响因素之间也会产生相互影响。当其中某一个影响因素处于不同状态时，另一个影响因素对学生数学学业成就的影响也可能有所差异，这种现象就被称为影响因素间的"交互作用"。

这自然会令人联想到方差分析，但经典的方差分析模型中的自变量为分类变量，无法适用于连续的数值变量。20 世纪 90 年代有一种将方差分析模型作为线性回归模型处理的新方法，先将数据拟合线性回归模型，再用一般回归显著性检验方法检验主效应和交互作用效应的平方和，称为"一般线性模型"（general linear model，GLM）。以只有一个影响因素 A 为例，学生数学学业成就可表达如下：

$$Y_{ij} = \mu + \alpha_i + \varepsilon_{ij} \text{。}$$

其中，μ 表示学生数学学业成就的总体均值，α_i 表示影响因素 A 在 i 水平下对学生数学学业成就的附加效应，ε_{ij} 表示随机误差。通过考查模型中各个 α_i 是否等于 0，可以得知附加效应是否显著。再加入一个影响因素 B 的表达式：

$$Y_{ijk} = \mu + \alpha_i + \beta_j + \alpha_i \beta_j + \varepsilon_{ijk} \text{。}$$

其中，α_i 和 β_j 分别表示影响因素 A 的 i 水平和影响因素 B 的 j 水平的附加效应，$\alpha_i \beta_j$ 表示两者的交互效应。在一般线性模型中，如果交互项显著，则说明两个影响因素存在显著的"交互作用"。

在确定两个影响因素之间存在显著交互作用之后，本书会按照两个影响因素不同类型（分类或连续变量）的组合模式，以三种不同的方式进行调节作用模式的描述。对于两个影响因素均为分类变量的情形，会以折线图的方式描述当影响因素 A 处于不同水平时，影响因素 B 不同水平下的学生数学学业成就的均值；对于影响因素 A 为分类变量，影响因素 B 为连续变量的情形，会分别计算影响因素 A 处于不同水平时，影响因素 B 和学生数学学业成就的相关值，描述分类变量对连续变量与因变量关联大小的调节作用；对于两个影响因素均为连续变量的情形，会以影响因素 A 的百分位数为标准，将学生群体分为该变量的 10 个等级，并分别计算 10 个等级下影响因素 B 和学生数学学业成就的相关值，描述影响因素 A 对影响因素 B 与学生数学学业成就关联大小的调节作用。

三、模块分数的提取

根据本书的研究设计，待厘清影响因素模块内各因素对学生数学学业成就的影响后，需要统一提取一个分数以概括该影响因素模块。在统计分析中，我们常常也会遇到类似问题，由于影响因素之间的相似性（如同属于学生的非智力因素模块），而且具有相关性，会增加分析的复杂性，得出不准确甚至有误的结论。主成分分析（PCA）可以从多个因素中提取出"综合因素"，并尽可能多的代表原多个因素的信息，以达到化简分析结构的目的。

主成分分析的主要统计思想表现为，若影响因素模块有 p 个影响因素，分别用 X_1，X_2，…，X_p 表示，这些因素构成的 p 维向量为 $\boldsymbol{X} = (X_1, X_2, \cdots, X_p)^T$。对 $\boldsymbol{X}$ 进行线性变换，用综合因素 Z 表示为

$$\begin{cases} Z_1 = a'_1 X = a_{11} X_1 + \cdots + a_{p1} X_p, \\ \vdots \\ Z_p = a'_p X = a_{1p} X_1 + \cdots + a_{pp} X_p。 \end{cases}$$

为了让 Z_1 包含尽可能多的信息，就要让 $var(Z_1)$ 尽可能的大（同时要满足 $a_1' a_1 = 1$ 的约束条件），如此得到的 Z_1 可涵盖尽可能多的原变量信息。这样所得到的综合因素 Z_1，Z_2，…，Z_p 分别称为原始因素的第 1、第 2……第 p 个主成分，这些综合因素在总方差中占的比重依次递减，通常只挑选前几个方差最大的主成分。

严格来说，主成分分析并非完全意义上的"统计分析"，而是一种数学降维的方法。从代数学来看，主成分分析其实就是 p 个因素在满足一定的特殊条件下的线性变换；在几何学上，则是将 X_1，X_2，…，X_p 构成的坐标系旋转生成新的坐标系，新坐标轴具有最大的样本方差。但主成分分析对于统计分析数据的预处理来说意义重大。对每个影响因素模块下的各个因素进行主成分分析，

可提取一个数值以表示整个模块。

四、影响因素的复合效应分析

和大多数的大规模测量研究一样，本书的数据具有嵌套性的特点，即学生嵌套于班级（教师），班级（教师）又嵌套于学校。但传统的线性模型无法体现数据分析的分层结构，这正是传统线性分析模型统计技术在分析嵌套结构的局限性，而这种局限性将不可避免地导致汇总偏差、估计精度误差，甚至还会导致概念混乱，无法准确呈现模型的分层结构，不能检验每个层级上的效应，也不能检验各层级间的关系。

如图2-2所示，研究对象来自4个班级，这与教育学研究中很多的数据嵌套结构十分类似。倘若不考虑研究对象来自不同群体，直接进行回归分析，则可以得到左图中的拟合线，且该直线拟合程度较好。直线的斜率为负，说明学生主动学习的时间比和数学成绩呈显著的负向关系。但如果按照不同的班级进行回归分析，可以得到4个斜率为正的拟合线，说明影响因素有积极的正向作用。由此可见，在此类数据分析中，特别是很多嵌套学校、班级结构的大样本数据中，如果沿用小样本数据的分析方法，很可能得到失准甚至是相反的结论。

虽然图2-2是构造出的案例，但现实数据也不可避免会出现类似情形（详见附录2，由PISA数据所呈现的案例）。

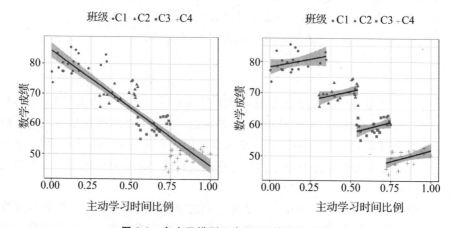

图2-2 多水平模型示意图（图片来自网络）

英国伦敦大学的哈维·戈尔茨坦（Harvey Goldstein）教授及其同事设计的"多水平分析"（Multilevel Analysis）和美国密歇根大学的斯蒂芬·芬登布什

(Stephen Raudenbush)教授及其同事设计的"多层线性模型"(Hierarchical Liner Modeling)就是一种能够用于多层嵌套结构数据的线性统计分析方法。一般说来,样本量最少为 30(符合正态分布假设),但在多水平模型中低一层样本量的要求没有上一层的样本量要求高。以本书为例,学生嵌套在学校中,就不需要每个学校都至少有 30 名学生,因为多水平模型使用的是收缩估计(shrinkage estimation),这种估计方法是用两层估计加权得到一个更好的估计,比普通的最小二乘法估计的"回归再回归"更为稳健和精确。在这种情况下,即使一个学校仅有几个人,多水平模型也可以借助第二层中人多的班级的估计优势来估计人少的班级。

多水平模型的基本形式包括 3 个公式:

$$Y_{ij} = \beta_{0j} + \beta_{1j}X_{ij} + r_{ij},$$
$$\beta_{0j} = \gamma_{00} + \mu_{0j},$$
$$\beta_{0j} = \gamma_{10} + \mu_{1j}。$$

其中,下标 i 代表第一层单元,如学生;下标 j 代表第一层中个体所隶属的第二层单位,如班级;γ_{00} 和 γ_{10} 分别是 β_{0j} 和 β_{1j} 的平均值,是 β_{0j} 和 β_{1j} 的固定成分;μ_{0j} 和 μ_{1j} 分别是 β_{0j} 和 β_{1j} 的随机成分。由以上三式可得:

$$Y_{ij} = \gamma_{00} + \gamma_{10}X_{ij} + \mu_{0j} + \mu_{1j}X_{ij} + r_{ij}。$$

其中,$\mu_{0j} + \mu_{1j}X_{ij} + r_{ij}$ 是残差项。

第三章　学生家庭环境对数学学业成就的影响

本书涉及的学生家庭环境特指学生家庭社会经济地位，所调查的信息包括父母学历、父母职业和家庭资源。其中，父母职业属于分类变量，无法作为数值变量进行相关分析或回归分析。本书根据国际职业社会经济指数对问卷中的职业信息进行重新编码，建立新的父母职业变量。

社会经济地位三大经典元素为父母学历、父母职业和家庭收入，本书将其中的"家庭收入"替换为"家庭资源"，因为学生往往很难对"家庭收入"有完整全面的了解，反映在学生问卷上的作答也未必准确，所以通常被建议取消。而本书中的"家庭资源"的相关问题是对家庭拥有物的客观描述，学生对此作答，结果也更加真实准确，最后通过项目反应理论将作答选项合成为"家庭资源"变量。

第一节　相关变量描述

一、父母学历

问卷分别调查了测试对象父母的受教育程度，选项分别为没有上过学、小学文化、初中文化、高中(职高)文化、大专毕业、本科毕业、研究生毕业，分别编码为1～7，在回归分析中可以视为连续变量。

最终用于分析的变量合成为"父母最高学历"，即选取父母中受教育程度最高的选项(详见表3-1)。

表3-1　学生父母最高学历分布

父母最高学历	人数	比例
没有上过学	89	0.4%
小学文化	2 522	11.1%
初中文化	11 520	50.6%
高中(职高)文化	5 114	22.5%
大专毕业	1 686	7.4%

续表

父母最高学历	人数	比例
本科毕业	1 488	6.5%
研究生毕业	342	1.5%

注：以上"比例"为有效频率，不包括系统缺失。

二、父母职业

问卷分别调查了测试对象的父亲和母亲的职业，选项分别为工人，农民（含林业生产人员、牧民、渔民），私营或个体经营者（自己开店或开公司），商业服务业人员（如售货员、服务员、销售员、快递员、司机、护工等），政府工作人员（如公务员、消防员、警察、邮政人员等），教育、医务和科研人员（如校长、教师、医生、护士、研究员等），企业管理人员（如总裁、董事长、部门经理、部门主管、部门负责人等），军人，进城务工人员，其他职业，无工作。其中"军人"比例极低（父亲：0.2%，母亲：0.04%）；"其他职业"和"无工作"无法定义工作性质，故设为缺失。

根据 ISCO-08（International Standard Classification of Occupations，国际职业分类标准[①]）和 ISEI-08（International Socio-Economic Index of Occupational Status，国际职业社会经济指数[②]）的对照表（详见附录 3）匹配出上述职业分类所对应的国际职业社会经济指数的范围（详见表 3-2）。可以发现，各职业选项所对应的指数范围并没有完全分离，既存在部分重合，也存在完全覆盖的情况。因此，本书将覆盖指数完全重合的职业分类合并（工人、农民、进城务工人员三个选项合并，私营或个体经营者、商业服务业人员两个选项合并），再与未完全重合的职业选项一同按照对应指数范围的中位数大小定义职业编码次序，得到新的父母职业分类编码（详见表 3-3），此后再对编码后的父母职业进行合并，选取较高的编码得到合成变量"父母最高职业"（详见表 3-3）。

---

① http：//www. ilo. org/public/english/bureau/stat/isco/index. htm，2019-05-10.

② Ganzeboom H B，"A New International Socio -Economic Index (ISEI) of Occupational Status for the International Standard Classification of Occupation 2008 (ISCO-08) Constructed with Data From the ISSP 2002-2007，"Annual Conference • fthe intrnationod sociol survey programme，2010.

表 3-2　职业分类对应 ISEI-08 指数范围

职业	指数范围
工人	18～24
农民（含林业生产人员、牧民、渔民）	10～24
私营或个体经营者（自己开店或开公司）	31～45
商业服务业人员（如售货员、服务员、销售员、快递员、司机、护工等）	26～52
政府工作人员（如公务员、消防员、警察、邮政人员等）	49～70
教育、医务和科研人员（如校长、教师、医生、护士、研究员等）	54～89
企业管理人员（如总裁、董事长、部门经理、部门主管、部门负责人等）	43～68
进城务工人员	18～24

如图 3-1 所示，5 类父母职业分类编码下学生的数学学业成就的平均分也呈现出递增趋势。经过两两比较的事后检验表明，5 类学生群体的数学学业成就差异显著。也就是说，新定义的父母职业分类编码对学生群体有比较理想的分类效果，因此以此编码纳入统计分析具有较高的科学性与可行性。

表 3-3　学生父母最高职业分布（采用新定义的职业分类编码）

编码	父母最高职业	人数	比例
1	工人、农民、进城务工人员	7 464	33.5%
2	私营或个体经营者、商业服务业人员	9 864	44.3%
3	企业管理人员	2 660	12.0%
4	政府工作人员	1 062	4.8%
5	教育、医务和科研人员	1 202	5.4%

注：以上"比例"为有效频率，不包括系统缺失。

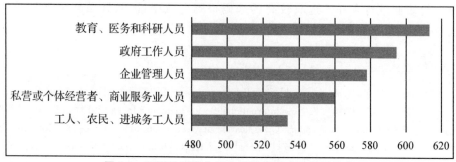

图 3-1　不同父母职业学生数学学业成就的平均分

三、家庭资源

问卷调查学生家庭资源的题目包括询问测试对象是否有独立卧室、配有浴缸或是淋浴的卫生间、供学习和作业的个人电脑、独立学习的房间、钢琴（每题的选项为：0＝没有，1＝有），还有过去一年中和家人旅行的次数（0＝0次、1＝1次、2＝2次、3＝3次及以上），家庭书籍存量[0＝没有或基本没有（20本以下）、1＝非常少（21～50本）、2＝有一些（51～100本）、3＝比较多（101～200本）、4＝很多（200本以上）]，课外读物存量（0＝没有、1＝1～3本、2＝4～7本、3＝8～12本、4＝12本以上）。以上题目调查内容涵盖了家庭拥有物、学习环境资源、家庭文化资源等各方面因素。

基于单参数项目反应理论模型（Rasch Model），使用 ConQuest 软件可以合成"家庭资源"变量。项目反应理论不但在很多国际大型评测的学生技能和学业表现评价中已经得到了深入和广泛的应用，如 TIMSS、PISA 等，在国内的一些学业测试评价中也已经进入实际实用阶段。此外，也有一些国际测评项目开始在问卷系统的设计、计分和评估中应用项目反应理论。本书也采用类似方式合成问卷变量。

第二节 分析结果

一、相关分析和回归分析

表 3-4 展示了学生父母最高职业、父母最高学历、家庭资源和其数学学业成就的相关系数。结果显示，学生家庭环境的三个因素与其数学学业成就均有中等强度的显著相关，说明学生父母的职业、学历和家庭资源对其学生学业成就有很好的预测作用，其中父母最高学历、家庭资源和数学学业成就的相关系数大于父母最高职业。

此外，父母职业、学历、家庭资源之间也都存在显著的较高相关性。父母最高职业和父母最高学历的相关系数达到 0.61，属于高强度相关，符合一般的社会认识，说明对问卷中父母职业的重新编码具有可行性和有效性。

表 3-4　父母职业、学历、家庭资源与学生数学学业成就的相关分析

家庭环境因素	数学学业成就	父母最高职业	父母最高学历	家庭资源
父母最高职业	0.259**	—		

续表

父母最高学历	0.297**	0.610**	—	
家庭环境因素	数学学业成就	父母最高职业	父母最高学历	家庭资源
家庭资源	0.297**	0.475**	0.488**	—

注：＊＊表示在置信度（双测）为0.01时，相关性是显著的。

首先采用回归模型分析学生基本控制变量（地域性质、家庭结构、学生性别）对其数学学业成就的影响。

如表3-5所示，乡镇农村的学生比其他地域的学生落后大约35分，近0.2个标准差；城市的学生在数学学业成就上具有一定的优势，但和县城及乡镇农村的差距并不大，不到0.1个标准差。由此可见，城市和县城之间的数学学业成就差异较小，而乡镇农村的学生在数学学业成就上相对落后较大。单一来看，地域性质对于学生数学学业成就变异的解释率为6.6%。

表3-5 基本控制变量预测学生数学学业成就的层次回归模型结果

模型	因素	回归系数	标准化回归系数	R^2改变
模型1	是否为城市	16.340***	0.079***	0.066***
	是否为乡镇农村	−35.112***	−0.209***	
模型2	是否为城市	15.136***	0.073***	0.016***
	是否为乡镇农村	−32.457***	−0.193***	
	性别	8.836***	0.053***	
	单亲家庭	19.278***	0.057***	
	独生子女	−19.142***	−0.114***	

注：＊＊＊表示$p < 0.001$。

控制学生地域性质后，学生性别和家庭结构（单亲家庭、独生子女）可进一步独立解释学生数学学业成就变异的1.6%，该解释率较小（不控制地域性质情况下，学生性别和家庭结构的解释率为2.7%）。结果显示，女生的数学学业成就优于男生，非单亲家庭优于单亲家庭，独生子女优于非独生子女，但这些因素的影响较小，特别是学生性别对于其数学学业成就的影响微弱（$\beta = 0.053$，$p < 0.001$）。

通过以上分析可以发现，基本控制变量对学生数学学业成就变异的解释率为8.2%，其中学生的地域性质对其数学学业成就的影响大于学生性别和家庭结构。

在此基础上，控制变量后，学生的家庭环境因素对其数学学业成就的变异有 5.8% 的独立解释率。如表 3-6 所示，家庭资源对学生数学学业成就的影响最大，家庭资源每增加一个单位，学生数学学业成就会提升 15.7 分（$\beta = 0.145$，$p < 0.001$）；父母最高学历每增加一个单位，学生数学学业成就会提升约 10 分（$\beta = 0.135$，$p < 0.001$）；父母最高职业的影响稍弱，每增加一个单位，学生数学学业成就会提升 3.6 分（$\beta = 0.047$，$p < 0.001$）。换言之，家庭资源和父母学历对学生数学学业成就的影响大于父母职业，这与相关分析的结果基本一致。

表 3-6　家庭环境因素预测学生数学学业成就的层次回归模型结果

模型	因素	回归系数	标准化回归系数	R^2 改变
模型 1	性别	8.059***	0.049***	0.082***
	单亲家庭	19.747***	0.059***	
	独生子女	−19.657***	−0.119***	
	是否为城市	13.864***	0.069***	
	是否为乡镇农村	−32.262***	−0.195***	
模型 2	性别	5.891***	0.036***	0.058***
	单亲家庭	14.819***	0.044***	
	独生子女	−9.870***	−0.060***	
	是否为城市	4.875**	0.024**	
	是否为乡镇农村	−18.968***	−0.114***	
	父母最高职业	3.629***	0.047***	
	父母最高学历	9.994***	0.135***	
	家庭资源	15.699***	0.145***	

注：＊＊ 表示 $p < 0.01$，＊＊＊ 表示 $p < 0.001$。

学生基本控制变量和学生家庭环境因素对学生数学学业成就的累积解释率为 14%。如果不考虑学生基本控制变量，家庭环境因素可以解释学生数学学业成就的 12.1%（见表 3-7）。也就是说，学生基本控制变量的独立解释率仅为 1.9%，低于学生家庭环境因素 5.8% 的独立解释率。

虽然地域因素对学生数学学业成就有较大影响，但学生家庭环境因素的影响更大，这验证了选择地域性质、学生性别和家庭结构作为基本控制变量的必要性，也突显了选择学生家庭环境因素作为 5 个模块之一进行中学生数学学业成就影响因素研究的意义。

表 3-7　家庭环境因素预测学生数学学业成就的线性回归模型结果

家庭环境因素	回归系数	标准化回归系数	R^2
父母最高职业	5.484***	0.070***	
父母最高学历	12.295***	0.166***	0.121***
家庭资源	19.476***	0.180***	

注：＊＊＊表示 $p < 0.001$。

二、交互作用分析

相关分析和回归分析已经显示，学生的家庭环境因素对其数学学业成就存在影响，但对于不同群体的学生的影响模式是否存在差异，需要进一步细致考查家庭环境因素对学生数学学业成就影响的特点，即考查家庭环境因素对不同地域性质、家庭结构和个人特征的学生数学学业成就影响的模式差异。下面使用一般线性模型，将每个交互项分别单独纳入模型进行分析。

（一）学生家庭环境因素与地域性质的交互作用

由表 3-8 可以发现，父母最高职业和地域性质以及家庭资源和地域性质的交互作用并不显著，说明父母职业和家庭资源对于城市、县城、乡镇农村的学生数学学业成就的影响模式基本一致。地域性质和父母最高学历的交互作用显著，即学生父母学历对不同地域的学生的数学学业成就的影响模式存在显著差异。

表 3-8　影响学生数学学业成就的家庭环境因素与地域性质交互作用分析

模型	模型包含的主效应	交互作用	F 值	p 值
模型 1	性别、单亲家庭、独生子女、地域性质、父母最高职业、父母最高学历、家庭资源	地域性质×父母最高职业	0.673	0.716
模型 2		地域性质×父母最高学历	2.236	0.008
模型 3		地域性质×家庭资源	0.906	0.404

如图 3-2 所示，对于城市的学生来说，随着父母学历的提升，其数学学业成就呈现持续递增趋势；对于县城的学生来说，随着父母学历的提升，其数学学业成就起初也表现出递增的态势，但当父母最高学历为研究生时，学生的数学学业成就出现下降情况，相应学生的数学学业表现和父母最高学历为大专的

学生近似，甚至还略低；对于乡镇农村的学生，存在和县城类似的情况，但父母最高学历为研究生的学生的数学学业成就下降情况更加明显，其学业表现和父母学历为小学、初中的学生接近。

图 3-2 呈现出三种影响模式的显著差异，对于 Z 省市九年级城市学生来说，父母学历能够为学生数学学业成就带来优势，但这种优势在父母最高学历为研究生时放缓；而在 Z 省的县城和乡镇农村，父母最高学历在本科以下，父母学历能够为学生数学学业成就带来优势，但是父母最高学历为研究生时，不但不会对其子女的数学学业成就带来优势，甚至还会产生不利的影响。

进一步分析显示，在县城，父母最高学历为研究生的学生为 91 人，其中79 人和父母住在一起，占 86.5%；在乡镇农村，父母最高学历为研究生的学生为 42 人，其中 35 人和父母住在一起，占 83.3%。换言之，并非是因为高学历父母的子女是留守儿童造成了县城和乡镇农村中父母学历对学生数学学业成就的影响差异。虽然这部分学生在 Z 省受测学生人数中仅占很小的比例，但这种反常的现象并不能忽视。

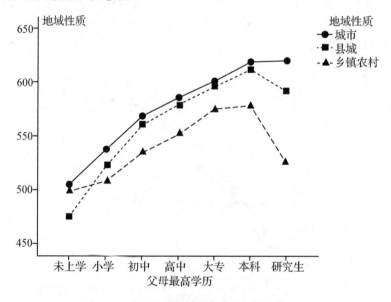

图 3-2 父母最高学历和地域性质的交互作用

（二）学生家庭环境因素与学生性别的交互作用

由表 3-9 可以发现，学生性别和家庭资源的交互作用不显著，这表明家庭资源对于男生和女生的影响模式稳定。父母职业和学生性别、父母学历和学生性别的交互作用显著，即父母职业、父母学历对男生和女生数学学业成就的影响存在显著差异。

表 3-9　影响学生数学学业成就的家庭环境因素与学生性别交互作用分析

模型	模型包含的主效应	交互作用	F 值	p 值
模型 1	性别、单亲家庭、独生子女、地域性质、父母最高职业、父母最高学历、家庭资源	学生性别×父母最高职业	5.458	<0.001
模型 2		学生性别×父母最高学历	3.604	0.001
模型 3		学生性别×家庭资源	1.091	0.296

父母最高职业对男生和女生数学学业成就影响模式存在差异，如图 3-3 所示，随着父母最高职业编码的增大(1：工人、农民、进城务工人员，2：私营或个体经营者、商业服务业人员，3：企业管理人员，4：政府工作人员，5：教育、医务和科研人员)，学生数学学业成就呈递增趋势，而男生曲线的斜率更大，说明男生数学学业成就更容易受到父母职业的影响。在父母职业社会经济指数较低的家庭当中，女生表现出数学学业成就中的优势，随着指数的提高，女生的优势逐渐消失，并最终在教育、医务和科研人员的家庭中表现出弱于男生的显著差异。

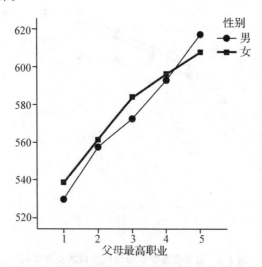

图 3-3　父母最高职业和学生性别的交互作用

父母最高学历对男生和女生数学学业成就的影响也存在显著差异，如图 3-4 所示，随着父母最高职业编码增大，女生的数学学业成就逐步递增，而男生当父母最高职业为研究生时反而出现了回落现象。县城的 91 名具有高学历父母的学生中有 57 名是男生，而乡镇农村的 42 名学生中有 31 名是男生，结合前文学生家庭因素和地域性质的交互分析，可以发现，研究生学历的父母对学生数学学业成就的负向影响主要体现在男性学生中。

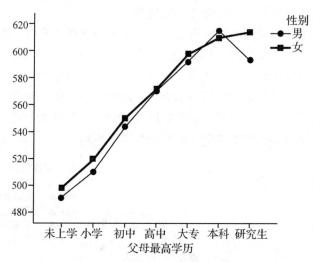

图 3-4　父母最高学历和学生性别的交互分析

综合上述相关分析结果发现，学生的数学学业成就在总体上受到父母学历和父母职业的积极影响，而男生受到父母职业的影响更大，父母职业编码的增加更容易对男生的数学学业成就产生积极的影响。而父母学历方面，父母最高学历为研究生时会对男生产生负向影响。

（三）学生家庭环境因素内部的交互作用

由表 3-10 可以发现，父母最高学历、父母最高职业和家庭资源三因素之间均存在显著的交互作用。

表 3-10　影响学生数学学业成就的家庭环境因素内的交互作用分析

模型	模型包含的主效应	交互作用	F 值	p 值
模型 1	性别、单亲家庭、独生子女、地域性质、父母最高职业、父母最高学历、家庭资源	父母最高学历×父母最高职业	3.029	<0.001
模型 2		父母最高学历×家庭资源	3.596	0.001
模型 3		父母最高职业×家庭资源	2.503	0.040

如图 3-5 所示，学生父母最高职业为"1：工人、农民、进城务工人员"时，随着父母学历的提升，学生数学学业成就开始呈递增趋势，但当父母最高学历达到"高中（职高）"时，学生数学学业成就出现拐点，之后便开始下降；学生父

母最高职业"2：私营或个体经营者、商业服务业人员""3：企业管理人员"和"4：政府工作人员"时，学生数学学业成就的拐点出现在父母为"本科"学历；学生父母最高职业为"5：教育、医务和科研人员"时，随着父母最高学历的提升，学生数学学业成就会一直保持递增趋势。

此外，学生父母最高职业编码越低，父母最高学历为研究生的学生数学学业成就下降越多，如父母最高职业为"1：工人、农民、进城务工人员"，其父母最高学历为研究生时，其数学学业成就甚至比父母为初中学历的学生还低。

总结来说，父母的职业编码和学历水平同时趋高，能够对学生的数学学业成就产生积极影响，但当父母职业和学历（编码水平）差异较大时，其中一个因素增加时反而会对学生的数学学业成就产生消极影响。

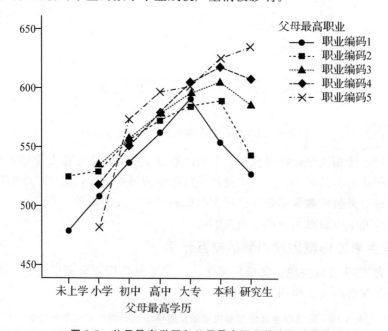

图 3-5 父母最高学历和父母最高职业的交互作用

如表 3-11 所示，当学生父母最高学历不同时，家庭资源对学生数学学业成就的影响模式存在显著差异。当学生父母最高学历为"1：没有上过学"时，家庭资源对学生数学学业成就没有显著影响；当学生父母最高学历为"7：研究生毕业"时，家庭资源对学生数学学业成就的影响最大（$R^2 = 9.8\%$，$p < 0.001$），达到中等强度；而学生父母最高学历为其他水平时，家庭资源对学生数学学业成就影响的解释率均在 5% 以下。

表 3-11　家庭资源和父母最高学历的交互作用

编码	父母最高学历	家庭资源影响的解释率 R^2	p 值
1	没有上过学	2.9%	0.110
2	小学文化	2.9%	<0.001
3	初中文化	4.0%	<0.001
4	高中(职高)文化	2.7%	<0.001
5	大专毕业	1.4%	<0.001
6	本科毕业	0.8%	<0.001
7	研究生毕业	9.8%	<0.001

如表 3-12 所示，当学生父母最高职业不同时，家庭资源对学生数学学业成就的影响模式也存在显著差异。当学生父母最高职业为"4：政府工作人员"时，家庭资源对学生学业成就的影响最大($R^2 = 7\%$，$p < 0.001$)；当学生父母最高职业为"5：教育、医务和科研人员"时，家庭资源对学生数学学业成就的影响次之($R^2 = 5.2\%$，$p < 0.001$)；当学生父母为其他职业时，家庭资源对学生数学学业成就均存在显著影响，但解释程度相对较弱，解释率为 3%～5%。

表 3-12　家庭资源和父母最高职业的交互作用

编码	父母最高职业	家庭资源影响的解释率 R^2	p 值
1	工人、农民、进城务工人员	3.5%	<0.001
2	私营或个体经营者、商业服务业人员	4.2%	<0.001
3	企业管理人员	3.7%	<0.001
4	政府工作人员	7.0%	<0.001
5	教育、医务和科研人员	5.2%	<0.001

总结来说，家长最高学历和最高职业编码较高时，家庭资源因素能够对学生数学学业成就产生更大的积极影响，而父母最高职业或最高职业编码较低时，家庭资源因素对学生数学学业成就影响较低，甚至没有显著影响。

第三节 讨论小结

一、家庭环境因素对学生数学学业成就的影响

本书对学生家庭环境的测量使用的是经典三大因素(其中家庭收入以家庭资源代替),故和学生数学学业成就都具有中等程度的相关,其中父母学历($r=0.297$,$p<0.01$),家庭资源($r=0.297$,$p<0.01$)和学生数学学业成就的相关系数都大于父母职业($r=0.259$,$p<0.01$)。该效应和几篇元分析研究中的结论基本接近,大约在 0.3。同时也符合使用中文文献做的综述研究结论:父母学历和家庭收入对学生数学学业成就的影响大于其他因素。在不考虑学生性别、家庭结构、地域等因素时,学生家庭环境能够解释其数学学业成就变异的 12%。

由此可见,家庭环境对于学生的影响存在不可忽略的重要影响,因为这种影响往往比其他影响因素更加深刻。家庭环境使得学生有能力追求更多、更丰富的学习资源和机会,从而为学生发展提供更好的空间与平台。许多追踪项目的研究结果也证实了学生早期家庭社会经济地位对其数学学业成就具有持续的长效影响。此外,在一项长达 15 年的追踪研究中,我们论证了家庭环境(特别是父母学历)对儿童早期数学技能产生的影响,并能间接影响其高中数学学业成就,进而阐释了学生家庭环境对其数学学习产生长远影响的路径。同时也再次说明了在学生数学学业成就影响因素中考虑学生家庭环境因素的必要性,在同类型的学生学习影响因素研究中,特别是大规模横向研究中应当控制学生的家庭环境因素。

控制学生基本变量后,在层次回归模型中依次分别放入父母最高学历、家庭资源和父母最高职业,可以发现,加入父母最高学历后 R^2 的改变最大($R^2=3.9\%$),家庭资源($R^2=1.7\%$),父母最高职业次之($R^2=3.9\%$)。考虑到家庭资源和父母最高职业变量测量和合成的复杂程度,在一般小型研究中可以仅对父母学历加以控制。

二、地域对家庭环境因素的影响有调节作用

地域因素作为本书的"基本固定变量",对学生数学学业成就也存在较大的影响,其效益仅次于学生家庭环境。而更为重要的是,家庭环境对于不同地域学生的数学学业成就的影响模式存在显著差异,这在以往的规模测试中少有研

究。由图 3-2 可以发现，整体来看，城市学生的数学学业成就优于县城学生，县城学生优于乡镇农村学生；而随着父母学历的提高，学生数学学业成就呈上升趋势。但当父母最高学历为研究生时，不同地域学生的数学学业成就发生了不同趋势的变化，城市学生的数学学业成就增速放缓；县城学生出现下滑，此时父母为研究生学历的学生的数学学业成就和大专学历父母的子女接近；而在乡镇农村，当父母学历为研究生时，学生的数学学业成就大幅下降，甚至低于父母为初中文化的学生，此外还可以发现，在乡镇农村，当父母学历为本科时，学生数学学业成就的增长已经放缓。

上述分析结果表明，父母学历能够对学生数学学业成就产生积极影响，并且这种积极影响的效应很大。例如，在城市，当父母学历从初中到本科时，学生的数学学业成就存在约 0.7 个标准差的差距。但不同地域的父母学历对学生数学学业成就的影响模式却存在差异，在乡镇农村学生父母的高学历甚至会产生消极影响。这种反常的现象背后可能有一定的社会问题，需要进一步的调查研究探索其内部机制。

三、男生更容易受到家庭环境因素的影响

除了地域性质之外，学生性别也对家庭环境因素的影响有调节作用。不同性别的学生各方面认知能力、性格特点都有差异，进行性别调节作用的分析，有助于帮助教育者因材施教。分析结果显示，学生性别和父母职业、父母学历的交互作用均达到显著水平。如图 3-3 所示，当父母职业为"1：工人、农民、进城务工人员"时，男生的平均数学学业成就低于女生近 10 分；当父母职业为"5：教育、医务和科研人员"时，男生的平均数学学业成就高于女生也近 10 分。这说明随着父母职业编码的提高，男生的数学学业成就增长速度更快，父母学历对男生的数学学业成就积极影响更强。在学生性别和父母学历的交互作用中，如图 3-4 所示，当父母学历从未上学至本科阶段时，男、女生的数学学业成就增长趋势基本一致，但男生的增长速度更快。但当父母最高学历为研究生时，女生的数学学业成就仍然呈上升趋势，而男生的数学学业成就却出现了下降趋势，其平均数学学业成就和父母学历为大专的学生基本相当。

由此可见，男生的数学学习表现更容易受到父母职业和父母学历的影响。尽管已有很多研究证明女生在中小学的学业成绩（包括数学和科学）优于男生，但本书并无意于讨论数学学业成就中的性别差异，且前人研究的结果和本书中发现的很微弱的性别差异结果并不一致，可能是因为受研究年代所限。赖（Lai）在研究北京市 7 235 名初中生时发现，女生的家长在其学习活动中参与

更多，无论是择校还是日常生活都会给予更多关注与照顾。换言之，男生在其数学学习中家长的参与相对较少，家长和孩子的交互更少，因此更加依赖家长静态资源(学历、职业)的影响，说明此类家庭环境对男生的成长更加重要。

四、高学历家长对子女数学学业成就的影响

在分析结果中，高学历(研究生)家长对子女数学学业成就的影响令人颇感意外。在县城，学历为研究生的家长，其子女数学学业成就低于本科学历家长的子女。在乡镇农村，学历为研究生的家长其子女的平均数学学业成就为525.6分，低于本科学历家长的子女的平均数学学业成就(578.4分)，甚至比初中文化家长的子女的平均数学学业成就还低(534.0分)。虽然在乡镇农村父母最高学历达到研究生的学生人数仅为42人，只占乡镇农村受测学生的0.3%的一个小群体，但这个小群体的特殊现象却值得深究。

选择其中和父母住在一起的35人(排除留守儿童)，参考图3-4的结论可以发现，其中男生24人，其平均数学学业成就为512.4分，女生11人，平均数学学业成就为582.5分。由此可见，高学历家长的子女数学学业成就下滑这一现象集中体现在男生身上。在这24名男生中，5人父母职业为"5：教育、医务和科研人员"，其均分为580.8分，并未出现下滑；9人父母职业为"2：私营或个体经营者、商业服务业人员"，其均分为504.8；而父母职业为"1：工人、农民、进城务工人员"的3名男生均分仅为440.9分。再次印证了图3-5所展示的规律，当父母学历和职业水平都较高时，家庭环境因素对其子女能够产生积极影响，但当父母学历和职业水平不匹配时(学历高、职业社会经济指数低)，将对其子女的数学学习产生消极影响。

综上所述，乡镇农村的男生最容易受到家庭环境的影响，特别当其父母学历高但职业编码低时，这些男生的数学学业成就可能会非常不理想。一方面，乡镇农村中高学历、低职业编码的家长，在大学取得研究生学历后从城市回到乡镇农村务农，可能因此产生"读书无用"的想法，进而减少对其子女学习的参与和投入；另一方面，国内大学办学水平有所差别，研究生的水平也参差不齐，高学历并不意味着高能力，这部分家长的"高学历"也可能属于无效指标。

第四章　学生非智力因素对数学学业成就的影响

本书涉及的学生非智力因素主要包括学生的自信心、内部动机（包括学习兴趣）、外部动机和目标理想。其中学生的自信心、内部动机、外部动机来自学生问卷中的相关量表，并采用项目反应理论合成连续变量。目标理想以学历期望来衡量，即学生计划上学的程度。

第一节　相关变量描述

一、自信心

学生问卷中有 5 道题调查学生的学习自信心，分别为"我天生不是学习的料""只要我努力就会学得更好""如果某个问题看起来很复杂，我就不愿意去尝试""我相信自己能在考试中取得好成绩""我总是能实现自己所设定的学习目标"。

问卷使用 5 点计分，让学生选择从"不同意"到"同意"对以上 5 个问题发表看法，再使用 Rasch 模型计算合成"自信心"变量，其中第 1 题和第 3 题在计算时做倒序处理。

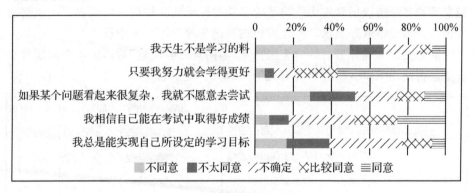

图 4-1　学习自信心选项分布

二、内部动机

学生问卷有 4 道题调查学生的内部动机（包括学习兴趣），分别为"我喜欢学习新知识""学习本身是一件有趣的事情""我认为学习是为了使我们学会思考，掌握知识""我乐于尝试有挑战性的学习任务"（如科技小制作、科学实验、课堂展示等）。

问卷使用 5 点计分，让学生选择从"不同意"到"同意"对以上 4 个问题发表看法，再使用 Rasch 模型计算合成"内部动机"变量。

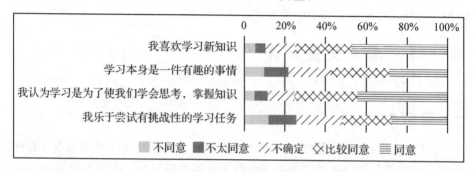

图 4-2　内部动机选项分布

三、外部动机

学生问卷有 4 道题调查学生的外部动机，分别为"只有获得好成绩才能得到老师和父母的表扬""努力学习是为了获得好成绩""任何一门课程，无论喜欢与否，我都要争取好名次""我经常想在和同学的学习竞争中获胜"。

问卷使用 5 点计分，让学生选择从"不同意"到"同意"对以上 4 个问题发表看法，再使用 Rasch 模型计算合成"外部动机"变量。

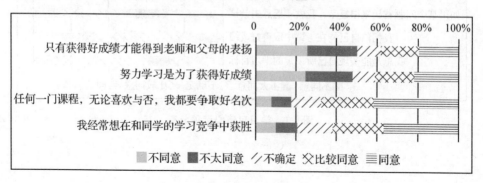

图 4-3　外部动机选项分布

四、学历期望

问卷调查了学生的学历期望，题目为"你计划上学上到什么程度?"选项为：初中毕业；初中之后上中专或职高；高中毕业；上大学；读研究生。

学生作答情况如表 4-1 所示，对选项依次编码形成"学历期望"变量。

表 4-1 学生学历期望分布

编码	学历期望	人数	比例
1	初中毕业	629	2.5％
2	初中之后上中专或职高	2 654	10.6％
3	高中毕业	2 007	8.0％
4	上大学	14 439	57.9％
5	读研究生	5 224	20.9％

注：以上"比例"为有效频率，不包括系统缺失。

第二节 分析结果

一、相关分析和回归分析

表 4-2 展示了学生的非智力因素和其数学学业成就的相关系数。结果显示，学生的自信心、内部动机、外部动机、学历期望和其数学学业成就均存在显著相关。其中自信心、内部动机和学生数学学业成就为中等强度相关，学历期望与学生数学学业成就则存在强相关（$r=0.560$，$p<0.01$），但外部动机与数学学业成就的相关系数仅为 0.074，未能达到低强度的相关效应，不具有实际意义。

此外，学生的自信心、内部动机和学历期望之间也存在显著的相关关系，自信心和内部动机之间具有高强度的相关关系。外部动机和自信心、内部动机之间的相关效应都比较弱（$r<0.1$），说明学生的内部动机和外部动机是两种比较独立的促进因素，很难通过加强外部动机促进学生的内部动机（包括学习兴趣）。

表 4-2　自信心、内部动机、外部动机、学历期望和学生数学学业成就的相关分析

非智力因素	学生数学学业成就	自信心	内部动机	外部动机	学历期望
自信心	0.326**	—			
内部动机	0.218**	0.549**	—		
外部动机	0.074**	0.055**	0.098**	—	
学历期望	0.560**	0.362**	0.273**	0.124**	—

注：＊＊表示在置信度（双测）为 0.01 时，相关性是显著的。

控制学生基本控制变量（性别、家庭结构、地域性质）后，采用层次回归模型分析非智力因素对学生数学学业成就的影响。根据相关分析的结果，学历期望和学生数学学业成就的相关性最强，因此最后一步放入层次回归模型。

表 4-3　非智力因素预测学生数学学业成就的层次回归模型结果

模型	因素	回归系数	标准化回归系数	R^2 改变
模型 1	性别	8.730***	0.052***	0.081***
	单亲家庭	19.363***	0.058***	
	独生子女	−19.089***	−0.114***	
	是否为城市	15.189***	0.073***	
	是否为农村	−32.512***	−0.193***	
模型 2	性别	5.553***	0.033***	0.041***
	单亲家庭	17.042***	0.051***	
	独生子女	−17.945***	−0.107***	
	是否为城市	15.196***	0.073***	
	是否为农村	−30.875***	−0.184***	
	内部动机	23.385***	0.194***	
	外部动机	10.331***	0.047***	

续表

模型	因素	回归系数	标准化回归系数	R^2改变
模型3	性别	4.055***	0.024***	0.053***
	单亲家庭	14.768***	0.044***	
	独生子女	−15.873***	−0.095***	
	是否为城市	15.172***	0.073***	
	是否为农村	−29.128***	−0.173***	
	内部动机	5.312***	0.044***	
	外部动机	10.345***	0.047***	
	自信心	52.211***	0.276***	
模型4	性别	−5.137***	−0.031***	0.180***
	单亲家庭	9.473***	0.028***	
	独生子女	−9.799***	−0.058***	
	是否为城市	12.087***	0.058***	
	是否为农村	−16.738***	−0.100***	
	内部动机	0.477	0.004	
	外部动机	0.881	0.004	
	自信心	26.643***	0.141***	
	学历期望	41.722***	0.474***	

注：＊＊＊表示 $p<0.001$。

根据模型2的分析结果可见，在控制学生基本控制变量的基础上，学生的内部动机和外部动机可以解释学生数学学业成就变异的4.1%，内部动机的影响大于外部动机。分析结果显示，学生的内部动机每提升一个单位，其数学学业成就会增长23.4分，接近0.2个标准差。

如模型3所示，层次回归模型放入自信心后，可以解释学生数学学业成就变异的5.3%，学生自信心每提升一个单位，其数学学业成就会增长52.1分，大约为0.3个标准差。

最后在模型 4 中加入学生的学历期望，可以发现，解释率出现了较大幅度的提升（$R^2 = 18\%$，$p < 0.001$），即使在控制了基本控制变量和内部动机、外部动机、自信心后，学生的学历期望每提升一个单位（1：初中毕业，2：初中之后上中专或职高，3：高中毕业，4：上大学，5：读研究生），其数学学业成就会增长 41.8 分，接近 0.5 个标准差。同时可以发现，学生的内部动机（$\beta = 0.004$，$p = 0.521$）、外部动机（$\beta = 0.004$，$p = 0.436$）和自信心（$\beta = 0.141$，$p < 0.001$）对学生数学学业成就的影响效应都有所减弱，说明学历期望的影响效应和其他非智力因素有所重叠，是一个对学生数学学业成就影响较强的因素。整体而言，在控制学生基本控制变量的基础上，非智力因素大约可以解释学生数学学业成就变异的 27.4%，其中学生的学历期望贡献较大，在不考虑该因素时，解释率约为 9.4%。

二、交互作用分析

本节将进一步细致考查学生非智力因素对学生数学学业成就的影响，即考查非智力因素对不同地域性质、家庭结构和个人特征的学生的数学学业成就影响的模式差异。使用一般线性模型，将每个交互项分别单独纳入模型。

（一）学生非智力因素与地域性质的交互作用

如表 4-4 所示，学生的自信心、内部动机、外部动机和地域性质的交互作用未达到显著水平，说明自信心、内部动机、外部动机对城市、县城、乡镇农村的学生的数学学业成就的影响模式稳定。学生的学历期望和地域性质的交互作用显著（$p = 0.002$），说明学历期望对不同地域的学生的数学学业成就的影响模式存在显著差异。

表 4-4　影响学生数学学业成就的非智力因素与地域性质交互作用分析

模型	模型包含的主效应	交互作用	F 值	p 值
模型 1	性别、单亲家庭、独生子女、地域性质、自信心、内部动机、外部动机、学历期望	地域性质×自信心	0.262	0.769
模型 2		地域性质×内部动机	0.167	0.846
模型 3		地域性质×外部动机	0.686	0.503
模型 4		地域性质×学历期望	3.008	0.002

如表 4-5 所示，学历期望对不同地域的学生的数学学业成就均存在较大的影响，但影响模式存在差异。学历期望对城市学生的数学学业成就变异的解释率最高（$R^2 = 31.2\%$，$p < 0.001$）；其次是乡镇农村（$R^2 = 29.2\%$，$p <$

0.001）；对县城学生的数学学业成就的解释率最低（$R^2 = 26.6\%$，$p < 0.001$）。

表 4-5　学生学历期望和地域性质的交互作用

编码	地域性质	学历期望影响的解释率 R^2	p 值
1	城市	31.2%	<0.001
2	县城	26.6%	<0.001
3	乡镇农村	29.2%	<0.001

(二)学生非智力因素与学生性别的交互作用

如表 4-6 所示，学生的自信心、外部动机、学历期望和学生性别的交互作用没有达到显著水平，也就是说，这些非智力因素对于男、女生的数学学业成就的影响模式类似。学生的内部动机（包括学习兴趣）和学生性别的交互作用显著，说明内部动机对男、女生的影响模式存在显著差异。

表 4-6　影响学生数学学业成就的非智力因素与学生性别的交互分析

模型	模型包含的主效应	交互作用	F 值	p 值
模型 1	性别、单亲家庭、独生子女、地域性质、自信心、内部动机、外部动机、学历期望	学生性别×自信心	0.337	0.562
模型 2		学生性别×内部动机	4.331	0.037
模型 3		学生性别×外部动机	1.188	0.276
模型 4		学生性别×学历期望	0.423	0.515

如表 4-7 所示，内部动机对男、女生的影响存在显著差异，内部动机对男生的数学学业成就影响更大（$R^2 = 5.9\%$，$p < 0.001$），而对女生的影响相对较小（$R^2 = 3.1\%$，$p < 0.001$）。该结论和前文家庭环境因素对男生的影响更大的分析结果类似，说明相较女生，男生的数学学业成就不但更容易受到家庭环境的影响，而且也更容易受到其内在学习动机的影响。

表 4-7　学生内部动机和性别的交互作用

编码	学生性别	内部动机的解释率 R^2	p 值
1	男	5.9%	<0.001
2	女	3.1%	<0.001

（三）学生非智力因素内部的交互作用

如表 4-8 所示，内部动机、外部动机和学历期望的交互作用均未达到显著水平，说明学习动机对于不同学历期望的学生的数学学业成就的影响比较稳定。学生的自信心和内部动机、外部动机及学历期望之间均存在显著的交互作用，说明学生的自信心对其他的非智力因素均有调节作用。此外，内部动机和外部动机对学生数学学业成就的影响也存在显著的交互作用。

表 4-8　影响学生数学学业成就的非智力因素内部的交互作用分析

模型	模型包含的主效应	交互作用	F 值	p 值
模型 1	性别、单亲家庭、独生子女、地域性质、自信心、内部动机、外部动机、学历期望	内部动机×外部动机	173.681	<0.001
模型 2		自信心×内部动机	17.686	<0.001
模型 3		自信心×外部动机	67.013	<0.001
模型 4		自信心×学历期望	33.231	<0.001
模型 5		内部动机×学历期望	0.148	0.701
模型 6		外部动机×学历期望	0.879	0.348

为了更加直观地描述连续变量（如自信心、内部动机）的交互作用，特将自信心按照百分位数分为 10 个等级，在此基础上计算每个自信心级别上内部动机、外部动机、学历期望与学生数学学业成就的相关系数，如图 4-4 所示，横坐标从低到高为自信心级别，纵坐标为其他非智力因素与学生数学学业成就的相关系数，空心点表示该级别内的相关值未达到显著水平。

如图 4-4 所示，在不同自信心级别上，学历期望和学生数学学业成就的相关性基本稳定，保持在中等强度左右。当学生的自信心处于中等偏上级别时（60%），学历期望和学生数学学业成就的关联性达到最强。自信心级别对内部动机、外部动机的调节模式则出现了级别提高削弱影响力的模式。当学生的自信心在较低级别时，内部动机和学生数学学业成就的关联效应显著，当学生自信心处于中等或较高级别时，学生的内部动机和数学学业成就关系不再显著或呈现弱关联。随着学生自信心级别的提升，外部动机和数学学业成就的关联性逐步降低，当学生自信心级别超过 80% 时，外部动机和数学学业成就甚至出现了负向关联。即自信心强的学生，增大外部动机反而不利于其数学学业成就提高。

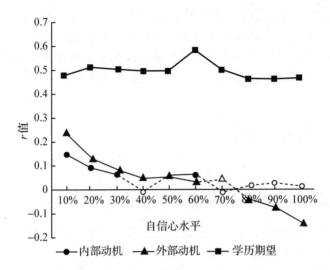

图 4-4 学生自信心调节内部动机、外部动机、学历期望和数学学业成就的关系

如图 4-5 所示,学生内部动机和外部动机的交互作用显著,且效应较强。图中横坐标从低到高为内部动机的 10 个水平,纵坐标为外部动机和学生数学学业成就的相关系数。可以发现,当学生的内部动机处于低水平时(后 10%),外部动机和学生数学学业成就的关联性最强($r = 0.332$,$p < 0.01$),随着内部动机水平的提升,外部动机和学生数学学业成就的相关系数逐步降低,当学生的内部动机水平达到前 20% 时,外部动机和学生数学学业成就甚至呈现出负向相关。

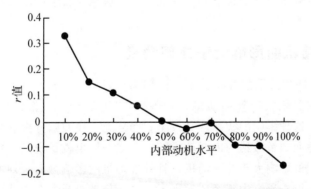

图 4-5 学生内部动机调节外部动机和数学学业成就关系

由此可见,学生如果没有足够的数学学习兴趣,没有较高的内部学习动机,则外部动机(如父母的鼓励、教师的表扬、竞争的奖励)可以促进学生的数学学业成就，但当学生已有较高的内在学习动机和自信心时，过高的外部动机反而不利于学生的数学学习，从而对学生数学学业成就产生消极影响。同时，这也在一定程度上解释了外部动机对全体样本学生的数学学业成就影响较弱，因为外部动机对不同特定心理因素的学生的影响模式不同，故在整体上的影响就有所削弱。

第三节　讨论小结

一、自信心对数学学业成就有积极影响

从相关分析的结果来看，学生的自信心和其数学学业成就的相关达到了中等水平以上（$r = 0.326$，$p < 0.001$）。从回归分析的结果来看，学生的自信心每提升一个单位，其数学学业成就会增长 52.2 分（$\beta = 0.276$，$p < 0.001$）。如表 4-3 所示，在控制学生性别、家庭结构和地域性质后，学习动机对学生数学学业成就变异的解释率为 4.1%。在此基础上，学生自信心还能够再解释学生数学学业成就变异的 5.3%。因此，学生自信心对数学学业成就有显著的积极影响，同时，该影响的效应大于学习动机。朱巨荣在以上海市 1 403 名九年级学生所做的自信心对数学成绩影响的研究中也得到了类似的结论。

无论是对学优生还是学困生的数学学习，抑或是对儿童的发展，自信心都是不可或缺的重要因素。美国、英国、日本等国家的数学课程标准也都明确提出要培养学生数学学习的自信心。因此，教师应该在教学中注重对学生数学学习自信心的培养。

二、内部动机的影响大于外部动机

从表 4-2 的相关系数可以看出，内部动机（$r = 0.218$，$p < 0.01$）和学生数学学业成就的关联大于外部动机（$r = 0.074$，$p < 0.01$），相关系数小于 0.1，属于弱效应，这种影响的实际意义较小。同样地，在回归分析的结果中，外部动机的标准化回归系数约为内部动机的五分之一。也就是说，内部动机对学生数学学业成就的影响大于外部动机，且外部动机的影响微弱。刘加霞、王振宇和甘诺等人在调查研究中甚至还发现了一些内部动机与学业成就呈正相关，但外部动机与学业成就呈显著的负相关的结论。此外，本书表明外部动机和内部动机的关联较小（$r = 0.098$，$p < 0.01$），说明外部动机和内部动机相互独立，关联较弱，即无法通过加强外部动机的方法直接促进学生的内部动机的增长。

所以在数学教学中，教师应当更加注重对学生内部动机的培养，如激发学生数学学习的兴趣、树立学生积极的学习目的和培养学生解决挑战性任务的愿望，来弱化成绩、名次、竞争等外部奖励或刺激的作用。

三、内部动机和外部动机的交互作用

进一步研究内部动机和外部动机对学生数学学业成就的影响，如图 4-5 所示，随着学生内部动机水平的提高，外部动机和学生数学学业成就的关联逐渐变弱，直至出现负相关。当学生的内部动机水平较低时（低于 50%），外部动机和其数学学业成就呈正相关；当内部动机水平较高时，外部动机和其数学学业成就呈负相关。这种交互作用也部分解释了刘加霞、王振宇和甘诺等人的研究结论。总体上，内部动机的效应大于外部动机，只有当学生的内部动机较弱时，外部动机才能产生积极作用，而当学生的内部动机较强时，外部动机和学生的学业成就则呈负相关。

通过研究可知，当学生已经具备较高的学习动机时，教师或家长就不应再施加有关成绩和名次等外部奖励或刺激，因为此时激发学生的外部动机很可能会适得其反。此外还有研究表明，外部奖励和刺激可能会削弱学生的内部动机，导致学生减少学习投入，造成学业成就的下降。

四、理性看待学生学历期望的影响作用

从相关分析和回归分析的结果来看，学生的学历期望和其数学学业成就呈较强的显著正相关（$r=0.560$，$p<0.01$），在回归分析中，控制学生性别、家庭结构和地域性质并在模型中加入自信心、内部动机和外部动机后，学历期望仍能再解释学生数学学业成就变异的 18%。简言之，学历期望是一个对学生数学学业成就具有很强预测作用的因素。但这个效应需要理性看待，否则可能会过度夸大其预测作用。

需要强调的是，本书属于横断研究，并非纵向的追踪研究，所调查的"学历期望"不是学生的早期数据。也就是说，学生的学历期望和其数学学业成就是同一时间得到的数据，这就如同高考"估分填志愿"一样，会在很大程度上受到考试表现或者近期考试成绩的影响。所以，学历期望和学生数学学业成就的高相关很难说是学历期望高导致数学考试表现好，还是因为考试成绩好而有更高的学历期望。和大多数横断研究一样，很难厘清两个高相关因素之间的因果关系。由于纳入该相关因素将带走回归模型中的大部分解释率，因此在后文的综合分析中，将使用排除学历期望后的其他因素合成学生"非智力因素"。

第五章 学生课余学习对数学学业成就的影响

　　学生的学习时间大体可划分为上课时间、作业时间和补习时间，其中上课时间相对比较稳定，且教育部已于 2001 年发布相关文件限定了义务教育阶段的课时量；但课余学习时间(作业时间和补习时间)自由度较大，也成为学生学业负担的主要来源。本书将学校教师布置的作业和课外作业、补习等统一纳入课余学习投入时间做整体研究，从学业成就回报的角度，采用定量研究方法分析课余学习投入的"有效性"，从而探寻初中课余学习时间合理配置的方案。

　　为了能够更为清晰地呈现课余学习与数学学业成就的关系，本书在此设定了学生"课余学习"的操作性定义，其核心内容有两个部分：一部分为传统意义上的课外培训，包括家教和课外辅导班等形式；另一部分为学校教师布置的校外学习任务，包括作业和课外练习。为针对不同类型的课余时间进行细致的具体分析，本书将学生课余学习投入时间分为以下三类：

　　(1)学生参与家教、辅导班(家教及辅导班)的时间；

　　(2)学生完成配套作业(校外作业)的时间；

　　(3)学生完成学校教师布置的作业和课外练习(校内作业)的时间。

　　本书涉及的课外学习因素包括家教及辅导班、校外作业、校内作业，此外还补充相关的课外活动：看感兴趣的书、看电视、参加体育活动、上网聊天或游戏。[①]

第一节　相关变量描述

一、家教及辅导班

　　学生问卷中，调查学生参加家教、辅导班时间的问题为："实际上，你每周参加家教补习或课外辅导班的时间是多少?"选项为：没有；3 小时以下(不含

---

　　① 注：此处调查的课外学习时间并非特指数学课外学习，该模块的分析是建立在学生各学科课外学习时间分配均衡的假设上。

3 小时）；3～6 小时（不含 6 小时）；6～8 小时（不含 8 小时）；8 小时及以上。

如表 5-1 所示，总体来说，大约 52.4% 的学生不参加家教及辅导班。在参加家教及辅导班的学生中，频率最高的选项为"每周参加 3～6 小时（不含 6 小时）"，约占总人数的 20.3%。从图 5-1 中还可以发现，城市学生参加家教及辅导班的时间多于县城和乡镇农村的学生，城市中没有参加家教及辅导班的学生约占 31.1%，而在乡镇农村没有参加家教及辅导班的学生比例约为 66.2%。

表 5-1　学生参加家教及辅导班时间分布

家教及辅导班	人数	比例
没有	13 041	52.4%
3 小时以下（不含 3 小时）	3 649	14.7%
3～6 小时（不含 6 小时）	5 054	20.3%
6～8 小时（不含 8 小时）	2 045	8.2%
8 小时及以上	1 096	4.4%

注：以上"比例"为有效频率，不包括系统缺失。

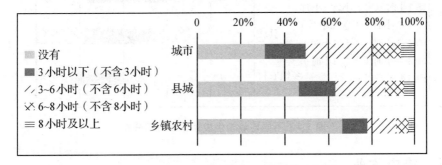

图 5-1　不同地域学生参加家教及辅导班时间分布

二、校外作业

学生问卷中，调查学生校外作业时间的问题为："上学期，实际上每天课外你花多长时间做校外其他人布置的作业？"选项为：几乎没有；1 小时以内（不含 1 小时）；1～2 小时（不含 2 小时）；2～3 小时（不含 3 小时）；3～4 小时（不含 4 小时）；4 小时及以上。

如表 5-2 所示，约 80.2% 的学生的校外作业时间在 1 小时以内，约有 51.0% 的学生几乎没有校外作业。从图 5-2 中还可以发现，城市学生的校外作业时间多于县城、乡镇农村学生。在城市，几乎没有校外作业的学生约占40.1%，该比例在县城约为47.6%，在乡镇农村约达到了58.2%。

表5-2 学生校外作业时间分布

校外作业	人数	比例
几乎没有	12 681	51.0%
1小时以内(不含1小时)	7 251	29.2%
1~2小时(不含2小时)	3 727	15.0%
2~3小时(不含3小时)	803	3.2%
3~4小时(不含4小时)	233	0.9%
4小时及以上	175	0.7%

注：以上"比例"为有效频率，不包括系统缺失。

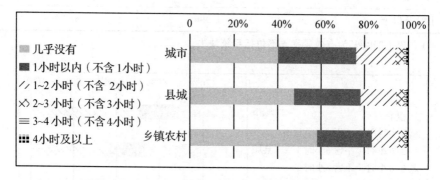

图5-2 不同地域学生校外作业时间分布

三、校内作业

学生问卷中，调查学生校内作业时间的问题为："上学期，实际上每天课外你花多长时间做校内老师布置的作业？"选项为：几乎没有；1小时以内(不含1小时)；1~2小时(不含2小时)；2~3小时(不含3小时)；3~4小时(不含4小时)；4小时及以上。

如表5-3所示，大部分学生(约为64.3%)的校内作业时间为1~3小时，约有4.1%的学生几乎没有校内作业，约有3.6%的学生的校内作业时间达到4小时及以上。从图5-3中还可以发现，城市学生的校内作业时间总体上多于县城和乡镇农村学生。城市学生中校内作业时间在1小时以内的比例约为13.9%，该比例在县城学生中约为16.5%，在乡镇农村学生中约为26.9%。

表 5-3　学生校内作业时间分布

校内作业	人数	比例
几乎没有	1 028	4.1％
1 小时以内（不含 1 小时）	4 134	16.6％
1～2 小时（不含 2 小时）	8 856	35.6％
2～3 小时（不含 3 小时）	7 121	28.7％
3～4 小时（不含 4 小时）	2 810	11.4％
4 小时及以上	898	3.6％

注：以上"比例"为有效频率，不包括系统缺失。

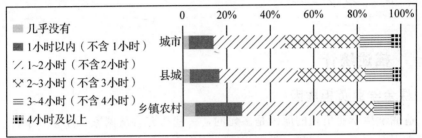

图 5-3　不同地域学生校内作业时间分布

四、课外活动时间

学生问卷中，还调查了学生周一至周五平均每天"看感兴趣的书、看电视、参加体育活动、上网聊天或游戏"的时间。选项为：没有；少于 1 小时；1～2 小时；2～3 小时；3～5 小时。

如图 5-4 所示，在周一到周五的课外时间，约有 18％的学生没有阅读感兴趣的书的习惯，超过 50％的学生平均每天的体育活动时间少于 1 小时，其中有近 17％的学生不参加体育运动。平均每天看电视超过 2 小时的学生约占 13.5％，每天上网聊天或游戏超过 2 小时的学生约占 15.9％。

表 5-4　学课外活动时间分布

时间	看感兴趣的书	看电视	参加体育活动	上网聊天或游戏
没有	17.5％	37.0％	16.8％	39.0％
少于 1 小时	35.7％	27.6％	39.3％	26.8％
1～2 小时	29.7％	21.9％	28.4％	18.2％
2～3 小时	9.0％	8.1％	9.7％	8.1％
3～5 小时	8.2％	5.4％	5.8％	7.8％

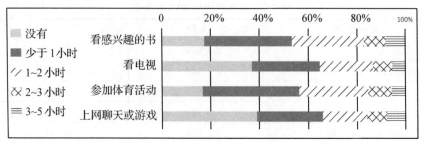

图 5-4　学生课外活动时间分布

第二节　分析结果

一、　描述统计

(一)课余学业负担成因

造成学生学业负担的原因是多元的，一些研究者从国家、社会、学校、家庭等方面对此做出了解释。教育问题背后往往是复杂的社会问题，故对此不做过多展开。

美国学者在研究日本高中生补习情况时提出了"影子教育"的概念，并将其定义为发生在正式学校教育之外的教学活动，目的是提高学校教育的学业成绩。他们还发现，越早有升学计划(上大学)的学生参加课外补习的比例就越高。本书分析了学生的学历期望及参加课外补习的时间，以获得更细致的结果描述。

学生问卷调查了学生的学历期望，主要分为 5 个类别：①初中毕业；②初中之后上中专或职高；③高中毕业；④上大学；⑤读研究生。通过计算斯皮尔曼(Spearman)相关系数，我们得到课余学习投入时间与学历期望，学历期望与课余学习投入时间均具有显著关联，其中，学生参加家教及辅导班的时间与学生学历期望的正相关性最强($r=0.300$，$p<0.01$)，说明有越高学历期望的学生参加家教及辅导班的时间也越长。

如表 5-5 所示，学历期望为"高中毕业"的绝大部分学生(约 77.0%)不参加家教及辅导班，而在学历期望为"读研究生"的学生群体中这个比例降到了约 37.3%；学历期望为"高中毕业"的学生平均每周参加家教及辅导班超过 6 小时的仅约占 4.8%，但学历期望为"读研究生"的学生群体中超过 8 小时的比例就已经达到了约 7.2%。

进一步固定变量(校内作业时间),全体参测学生中每天校内作业时间为1～3小时的学生人数最多,选取这部分最有代表性的学生再查看其中不同学历期望的学生参加家教及辅导班的情况。研究发现,学历期望与课余投入时间的关系呈现更为明显的趋势,即学历期望越高的学生课余投入时间越多,在学历期望为"读研究生"的学生群体中不参加家教及辅导班或平均每周的时间少于3小时的学生不足 40%。

表 5-5　不同学历期望的学生参加家教及辅导班情况

平均每周参加家教及辅导班的时间	全体学生	学历期望		
		高中	大学	研究生
没有	52.4%	77.0%	48.0%	37.3%
少于 3 小时	14.7%	9.6%	16.3%	15.7%
3～6 小时	20.3%	8.7%	22.5%	27.3%
6～8 小时	8.2%	3.1%	8.7%	12.6%
8 小时以上	4.4%	1.7%	4.5%	7.1%

(二)学生的课余学习预期

为了调查学生对课余学习生活安排的期待,该问题设置了相应的假设性问题,即在可以自主选择的前提下,哪些参加家教补习或课外辅导班的时间强度是学生可以接受的。如表 5-6 所示,只有 23.3% 的学生希望最好不参加家教及辅导班,而实际没有参加家教及辅导班的学生比例为 52.4%。换言之,学生对课余学习的预期与现实情境存在较大的差异,有 76.6% 的学生主观上能够接受参加家教及辅导班,而实际仅有 47.6% 的学生参加了家教及辅导班。此外,分析结果呈现出了另一个值得关注的问题,参加家教及辅导班超过 6 小时,实际的人数比例已经超过预期的人数比例,即过长时间的课外学习已经超过了学生的承受范围。这意味着高强度的课外学习投入可能会超越学生自身的承受范围。

表 5-6　学生参加家教及辅导班的主观预期和实际情况比较

家教及辅导班的时间	主观预期		实际情况	
	人数	比例	人数	比例
(最好没有)没有	5 807	23.3%	13 041	52.4%
3 小时以下(不含 3 小时)	8 489	34.1%	3 649	14.7%

续表

家教及辅导班的时间	主观预期		实际情况	
	人数	比例	人数	比例
3~6小时(不含6小时)	8 071	32.4%	5 054	20.3%
20.3%6~8小时(不含8小时)	1 775	7.1%	2 045	8.2%
8小时及以上	765	3.1%	1 096	4.4%

注:以上"比例"为有效频率,不包括系统缺失。

如果从不同地域的视角进一步观察学生在课外学习投入的问题,可进一步发现,未达到其参加家教及辅导班预期值的学生主要分布在乡镇农村。在城市中,有13.4%的学生主观愿意参加家教及辅导班而未能满足,该比例在县城提高为24.3%,在乡镇农村则达到39.3%,几乎是城市中相应比例的三倍。也就是说,乡镇农村有近40%的学生主观愿意参加课余学习辅导,但受到诸多现实要素的影响未能得偿所愿。反过来,超过承受范围的学生比例在三个地区中则呈递减态势,城市中有23.3%的学生参加了超过其承受范围的课余学习辅导,县城和乡镇农村的学生则很少有人承受不了自己所参加的课余学习辅导时间(县城:18.2%;乡镇农村:11.2%)。

表5-7 不同地域学生参加家教及辅导班主观预期和实际情况比较

	符合预期	未达预期	超过承受
城市	48.5%	28.3%	23.3%
县城	45.5%	36.1%	18.2%
乡镇农村	41.4%	47.5%	11.2%
总体	44.2%	39.9%	16.0%

注:以上"比例"为有效频率,不包括系统缺失值。

由此可见,对学生课余学习问题的研究是不可一概而论的,应该从不同视角对其展开分析。对于城市的学生而言,学业负担过重的教育问题显而易见;而将视线移至乡镇农村等教育发展欠发达地区,能够看到近40%的学生未达到其课余学习期望。从主观角度来看,与城市等教育、经济发达地区相比,乡镇农村地区的家庭没有足够的经济条件和主观意愿支持子女请家教或参加课外辅导班。从不同地域的教育发展水平的现实差异来看,乡镇农村地区的课外学习资源,特别是优质资源的匮乏是制约学生参加家教及课外辅导班的原因。

二、方差分析

获得理想的学业成绩往往是学生主动或被动参加课余学习的主要目的，也是检验学生课余学习投入"有效性"的理想指标。乌尔里希·特劳特温（Ulrich Trautwein）等人在针对七年级学生的分析中发现家庭作业和学业成绩呈显著相关。PISA 2006 专题报告的分析结果表明，学生在课外辅导班与自习上所花的时间与其成绩表现呈负相关，即参与课外补习时间越长的学生，成绩反而越低。运用类似的方法，对最新的 PISA2012 的数据进行分析也得到了同样的结论（图 5-5）。图中每个点代表 PISA2012 中的一个参测国家（地区），横坐标为平均每周参加课外补习的时间，纵坐标为测试成绩。

尽管有研究报告推测，造成这种现象的原因也许是"那些参加课余辅导班的学生主要是补差而不是提高"[1]，但观察图 5-5 可以发现，数据的集中趋势并不理想，拟合线外离群值较多。这表明，简单的一次函数拟合可能并不能很好地解释课外补习时间与学业成绩的直接关系。

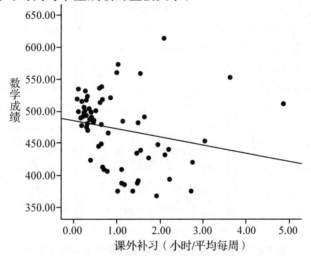

图 5-5　PISA 2012 数学成绩和课外补习时间的关系

结合本书的数据特点，对三类课余学习投入时间和学业成绩之间采用方差分析，以更好地刻画课余投入时间与学业成就之间的非线性关系。

---

① 沈学珺：《课余辅导班的投入是否值得？》，载《上海教育》，2012(8)。

表 5-8　不同课余学习时间学生的成就差异

时间	家教及辅导班	校外作业	校内作业
选项 1	534.746	542.044	488.055
选项 2	567.688	571.775	513.443
选项 3	581.905	568.502	556.350
选项 4	585.759	562.774	577.115
选项 5	581.958	553.193	580.756
选项 6	—	559.734	570.212
F 值	468.99***	143.04***	545.13***
事后检验	1＜2＜3，5＜4	1＜6，4，5＜3＜2	1＜2＜3＜6＜4＜5

注1：＊＊＊表示 $p<0.001$。

注2：对应选项详见图 5-6。

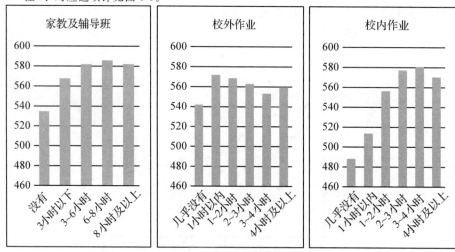

图 5-6　不同课余学习时间学生的数学学业成就差异

分析发现，课余学习时间和学业成就直接呈倒 U 型关系，大致为二次函数关系，课余学习投入时间有"最佳值"：在"最佳值"内，学业成就随着投入时间的增加而增加；超过"最佳值"后，学业成就不再增长甚至下降。具体数据显示：

(1)参加家教及辅导班的"最佳值"约为每周 6～8 小时，平均每周参加家教及辅导班超过 8 小时的学生群体平均学业成就出现下降趋势；

(2)校外作业的"最佳值"约为每天不到 1 小时，其他时间段的学生群体的学业成就均分均显著低于每天校外作业时间不到 1 小时的学生；

（3）校内作业的"最佳值"为每天 3～4 小时，随着校内作业时间的增加，学生的学业成就显著提升，但超过 4 小时后，学业成绩反而出现下降。

由此可见，单一增加学习时间并不能获得学业成就增长的持续性回报，当课余学习超过一定的时间，学生学业成就不再显著提高甚至还出现下滑。课余学习时间的投入与学业成就之间的关系绝非完全遵循"付出总有回报"的规律，这恰恰符合我国古老的传统哲理——过犹不及。前文提到的学习压力或许是原因之一，另外学习效率、焦虑、学习倦怠等也可对此现象做出直接或间接的解释。

由上文的分析可知，课余学习投入时间需要适度，那么除去学习之外学生该如何安排课余时间呢？学生问卷调查了学生周一至周五平均每天看感兴趣的书、看电视、参加体育活动、上网聊天或游戏的时间，借此分析课余活动时间与学业成绩的关系。

表 5-9　不同课外活动时间学生的数学学业成就差异

时间	看感兴趣的书	看电视	参加体育活动	上网聊天或游戏
没有	551.279	575.384	554.465	577.280
少于 1 小时	563.718	556.615	554.423	559.216
1～2 小时	556.115	541.083	557.781	541.237
2～3 小时	556.239	534.301	557.276	526.513
3～5 小时	535.844	508.072	556.395	502.138
F 值	49.15***	326.11***	2.11***	493.42***
事后检验	5＜1＜3，4＜2	5＜4＜3＜2＜1	1，2＜3	5＜4＜3＜2＜1

注 1：＊＊＊表示 $p < 0.001$。
注 2：对应选项详见图 5-7。

如图 5-7 所示，不同的课外活动对学业成就有着不同的影响，适当的课外活动有助于学生学业成就提高，这里的"适当"不仅是指种类，也包括时间；每天看电视、上网聊天或游戏对学业成就有单纯的负面影响，每天看电视、上网聊天或游戏的时间越长的学生群体学业成就越差；每大看感兴趣的书、参加体育活动对学业成就有积极影响，但并非越多越好，此处存在一个"最佳值"，即每天看书半小时，运动的时间 1～2 小时的学生群体的学业成就最佳。

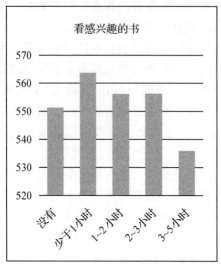
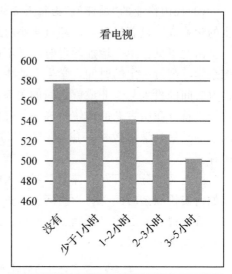
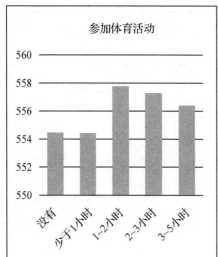
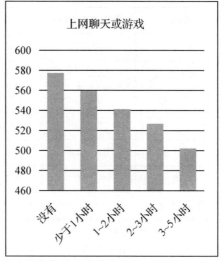

图 5-7 不同课余活动时间学生的数学学业成就差异

三、回归分析

为了方便后文将学生课余学习因素放入模型进行统一分析，现对学生课余学习的 3 个因素补充回归分析，并在后文将其视为连续变量使用。控制学生基本控制变量（性别、家庭结构、地域性质）后，将学生参加家教及辅导班的时间、校外作业时间、校内作业时间及其对应的三个平方项纳入层次回归模型，分析学生课余学习对数学学业成就的影响。

由表 5-10 可以发现，学生课余学习因素和学生基本控制变量共可以解释数学学业成就变异的 17%，在控制学生基本控制变量后，课余学习因素可独立解释变异的 8.9%。家教及辅导班($\beta=-0.229$，$p<0.001$)，校外作业($\beta=-0.149$，$p<0.001$)，校内作业($\beta=-0.536$，$p<0.001$)的二次项回归系数均为负，是开口向下的抛物线，也再次印证了前文方差分析中倒 U 型曲线的研究结论。

表 5-10　学生课余学习预测学生数学学业成就的层次回归模型结果

模型	因素	回归系数	标准化回归系数	R^2 改变
模型 1	性别	8.919***	0.053***	0.081***
	单亲家庭	19.189***	0.057***	
	独生子女	−18.923***	−0.113***	
	是否为城市	15.117***	0.073***	
	是否为农村	−32.463***	−0.194***	
模型 2	性别	−0.394	−0.002	0.089***
	单亲家庭	15.142***	0.045***	
	独生子女	−13.700***	−0.082***	
	是否为城市	9.682***	0.047***	
	是否为农村	−22.841***	−0.136***	
	家教及辅导班^2	−3.052***	−0.229***	
	校内作业^2	−5.661***	−0.536***	
	校外作业^2	−2.557***	−0.149***	
	家教及辅导班	24.561***	0.354***	
	校内作业	54.871***	0.734***	
	校外作业	12.777***	0.146***	

注：＊＊＊表示 $p<0.001$。

第三节　讨论小结

数据分析表明升学压力会导致中学生主动或被动加大课余学习投入，课余学习负担过重会带来学生学习压力的显著提升，同时也描绘了理论数值上的"最佳"学习模式：每天校内作业 3 小时，校外作业 1 小时以内，每周课外辅导班和家教的时间不要超过 8 小时。此外，学生每天坚持独立阅读半小时，体育锻炼 1～2 小时。课余学习需要适当、适度，健康的学习生活方式有利于学生的长期综合发展。

一、课余学习过犹不及，学习时间适度就好

课余学习时间与学业成就之间并非简单的一次函数关系，而是呈倒 U 型曲线。学业成就的提高是大部分学生加大课余学习投入的主要动机，但呈倒 U 曲线的结果表明，课余学习适度就好，过度的课余学习投入会变成"无用功"，甚至会产生反作用。有学者对美国 1987—2003 年的同类研究进行元分析后也得出类似结论，适当的家庭作业可以增进学生对知识的理解，有助于提高成绩；而过长的作业时间会令学生对学习产生厌烦，失去学习兴趣。反观我国中学生课余学习现状，不少地区的中学生自习课或晚自习的时间已超过 4 小时，某些寄宿制学校的学生的作业时间更是远超于此；校内的音乐课、美术课、体育课被语文、数学、英语老师"占领"，课外体育锻炼 1 小时和阅读半小时更是无从谈起；课外辅导班每科也基本都是 2 小时以上。学生的课余学习已经大大超出"最佳"模式，超负荷的课余学习不但不科学，也严重影响了学生的身心健康。

二、重视学校教育的作用，功夫在校内

三种课余学习形式对学业成就影响的效果大小不同，"课内作业"的效果最强。结合数据来看，在本书给出的课余学习时间"最佳学习模式"中，平均每天 3 小时的"课内作业"，占一天 $\frac{1}{8}$ 的时间，就能带来大约 100 分的学业成就提升；而"家教及辅导班"6～8 小时，占一天的 $\frac{1}{8} \sim \frac{1}{6}$ 时间，才能换来 50 分左右的学业成就提升；"校外作业"自不必说，每天超过 1 小时，学业成就已经呈现下降趋势。

由此可见，学生在"家教及辅导班"或"校外作业"上的课余学习"投入—产出比"并不高，其收效远不及"校内作业"。其实这并不难理解，学校教育比校外补习更具质量保证，所布置的作业也更具系统性、科学性和针对性，所以对学生学业成就变化的影响效果也最强。所以学生应当重视学校教育的作用，不要把有限的课余精力过度地放置于收效并不大的课外补习上，可以适当减少课外补习时间，进行适当的课外阅读和体育活动。

三、课余学习负担重，减负不能一减了之

香港大学贝瑞(Bray)教授在研究课外补习时指出，课外补习因主流教育的存在而存在，其规模和形式受主流教育影响。根据上文的分析，如果只是贸然控制和减少学生的校内作业量而不做其他改善，学生成绩可能会出现下滑的情况，那势必倒逼家长和学生增加家教及辅导班等课余学习的投入。但是，目前

的家教和课外补习领域尚未形成健全的行业制度和管理规范，补习老师的素质良莠不齐，随着寄希望于课外补习来提高成绩的大量学生的涌入，会促使课外补习市场门槛降低、规模扩大，学生很可能会被师资水平不佳的机构和家教所耽误，浪费更多时间。此外，乡镇农村地区优质课外学习资源缺乏，特别是课外辅导机构规模远落后于城市地区，尚不能满足学生对课外辅导学习的需求，如果简单地压缩校内学习时间，将可能对乡镇农村地区学生造成更不利的消极影响。

四、"最佳"模式指向学业成就，不一定具有普适性

"最佳"模式是针对数学学业成就的分析结论，对于有艺术、体育等特长发展需求的学生不具有指导意义。另外，需要特别强调的是，这种"最佳"模式是基于 Z 省受测学生得出的结果，是当时当地表现出的群体现象和规律，并不是每个学生个体都服从这种现象。每个学生都有自己的个人特质，并有长期养成的学习习惯，如果盲目套用所谓的"最佳"模式，非但无法换来"最佳"学业成就，反而可能因为不适应新的作息时间而导致成绩下降。

第六章　学校环境感受对数学　学业成就的影响

本书涉及的学校环境感受包括同伴关系、师生关系和学校归属感三个因素。这些因素由学生问卷中的相关量表获得，再通过项目反应理论计算合成连续变量。

第一节　相关变量描述

一、同伴关系

学生问卷中同伴关系的调查修订自孤独感量表，修订后的量表共 10 题，分别为"我和同学在一起时很开心""我的同学经常欺负我""我很满意自己与同学的关系""我经常与同学发生争执""当我需要时我可以找到朋友""我有许多好朋友""班上同学很喜欢我""我在班里觉得孤单""我很难让别的孩子喜欢我""我觉得在有些活动中没人理我"。问卷采用 4 点计分方式，学生对上述问题选择从"完全不同意"到"完全同意"。

对获得数据进行信度（Reliability）和效度（Validity）质量分析，结果显示信效度良好（$Coefficient\ Alpha = 0.85$，$\chi^2/df = 1\ 752.78$，$CFI = 0.92$，$TLI = 0.89$，$RMSEA = 0.073$）。对部分题目的得分进行反向处理后，再利用 Rasch 模型计算得到"同伴关系"变量。

二、师生关系

学生问卷中师生关系的调查采用屈智勇在皮安塔（Pianta）的研究基础上修订的师生关系量表，共 15 题，分别为"老师公平地对待我""老师对我很关注""老师和我是好朋友""老师关心每一位学生""老师允许我们有不同的见解""老师耐心听我的想法""老师不讽刺、挖苦我""当我犯错误时，老师会主动询问原因""老师不要求我必须接受他（她）的观点""我非常敬佩我的老师""老师鼓励我、表扬我""我愿意把自己的心里话告诉老师""当我遇到学习以外的困难时，会想到寻求老师的帮助""我愿意在老师面前展示自己的优点""老师很信任我"。问卷采用 4 点计分方式，学生对上述问题选择从"完全不同意"到"完全同意"。

对获得数据进行信度和效度质量分析，结果显示信效度良好（$Coefficient$ $Alpha = 0.94$，$\chi^2/df = 1\ 522.61$，$CFI = 0.91$，$TLI = 0.90$，$RMSEA = 0.094$）。对部分题目的得分进行反向处理后，再利用 Rasch 模型计算得到"师生关系"变量。

三、学校归属感

学生问卷中有 3 道题调查学生的学校归属感，分别为"在学校里我感到快乐""我宁愿去别的地方，也不想来学校""我喜欢去学校"。问卷采用 4 点计分方式，学生对上述问题选择从"完全不同意"到"完全同意"，如图 6-1 所示。对第 2 题进行反向处理，再使用 Rasch 模型计算合成"学校归属感"变量。

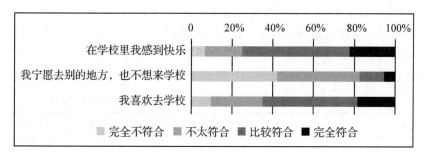

图 6-1　学校归属感选项分布

第二节　分析结果

一、相关分析和回归分析

表 6-1 展示了学生的同伴关系、师生关系、学校归属感和数学学业成就的相关系数。结果显示，学校环境感受的三个因素和学生数学学业成就均存在显著的相关关系，但效应较弱，介于 $0.1 \sim 0.2$，这说明学生的学校环境感受对数学学业成就的影响较小。

此外，同伴关系、师生关系和学校归属感之间也存在显著的相关关系，它们可以较为一致地共同构成学生在学校环境中的情感体验。

表 6-1　同伴关系、师生关系、学校归属感和数学学业成就的相关分析

学校环境感受	数学学业成就	同伴关系	师生关系	学校归属感
同伴关系	0.126**	—		
师生关系	0.170**	0.422**	—	
学校归属感	0.143**	0.318**	0.461**	—

注：＊＊表示在置信度（双测）为 0.01 时，相关性是显著的。

在控制学生基本控制变量（性别、家庭结构、地域性质）的基础上，再向层次回归模型的第二步中加入学生的学校环境感受变量。可以发现，学生基本控制变量和学校环境感受因素可以解释学生数学学业成就变异的 10.8%，而学校环境感受因素在基本控制变量的基础上增加的解释率仅为 2.7%。

如表 6-2 所示，同伴关系每增长一个单位，学生数学学业成就增长约 2.5 分（$\beta=0.03$，$p<0.001$）；师生关系每增长一个单位，学生数学学业成就增长约 5.1 分（$\beta=0.10$，$p<0.001$）；学校归属感每增长一个单位，学生数学学业成就增长约 4.9 分（$\beta=0.07$，$p<0.001$）。从回归系数和解释率来看，学生学校环境感受对学生数学学业成就的影响相对较弱。

表 6-2　学校环境感受预测学生数学学业感受的层次回归模型结果

模型	因素	回归系数	标准化回归系数	R^2 改变
模型 1	性别	8.836***	0.053***	0.081***
	单亲家庭	19.278***	0.057***	
	独生子女	−19.142***	−0.114***	
	是否为城市	15.136***	0.073***	
	是否为乡镇农村	−32.457***	−0.193***	
模型 2	性别	6.382***	0.038***	0.027***
	单亲家庭	17.283***	0.051***	
	独生子女	−18.046***	−0.107***	
	是否为城市	14.119***	0.068***	
	是否为乡镇农村	−31.331***	−0.186***	
	同伴关系	2.509***	0.033***	
	师生关系	5.053***	0.100***	
	学校归属感	4.882***	0.071***	

注：＊＊＊表示 $p<0.001$。

二、交互作用分析

本节将进一步细致考查学生的学校环境感受对学生数学学业成就的影响，即考查同伴关系、师生关系和学校归属感对不同地域性质、家庭结构和个人特征学生的数学学业成就影响的模式差异。使用一般线性模型，将每个交互项分别单独纳入模型。

(一)学校环境感受与地域性质的交互作用

如表 6-3 所示，学生的学校环境感受因素中的学校归属感和地域性质的交互作用未达到显著水平，这说明学校归属感对于城市、县城、乡镇农村的学生的数学学业成就的影响模式比较稳定。同伴关系、师生关系和地域性质的交互作用显著，说明同伴关系、师生关系对于不同地域的学生的数学学业成就的影响模式存在显著差异。

表 6-3　影响学生数学学业成就的学校环境感受因素与地域性质的交互作用分析

模型	模型包含的主效应	交互作用	F 值	p 值
模型 1	性别、单亲家庭、独生子女、地域性质、同伴关系、师生关系、学校归属感	地域性质×同伴关系	6.440	0.002
模型 2		地域性质×师生关系	3.997	0.018
模型 3		地域性质×学校归属感	0.494	0.610

由表 6-4 可以发现，从城市到乡镇农村，同伴关系对学生数学学业成就的影响呈递增趋势。同伴关系对城市学生的影响最弱($R^2 = 0.9\%$，$p < 0.001$)，而对乡镇农村学生的影响最强($R^2 = 1.6\%$，$p < 0.001$)。

表 6-4　同伴关系和地域性质的交互作用

编码	地域性质	同伴关系的解释率 R^2	p 值
1	城市	0.9%	<0.001
2	县城	1%	<0.001
3	乡镇农村	1.6%	<0.001

如表 6-5 所示，师生关系对不同地域学生数学学业成就的影响模式与同伴关系类似，师生关系对城市学生数学学业成就的影响最弱($R^2 = 2.1\%$，$p < 0.001$)，而对乡镇农村学生的影响最强($R^2 = 2.8\%$，$p < 0.001$)。

表 6-5 师生关系和地域性质的交互作用

编码	地域性质	师生关系的解释率 R^2	p 值
1	城市	2.1%	<0.001
2	县城	2.4%	<0.001
3	乡镇农村	2.8%	<0.001

分析结果表明，在社会经济地位和教学硬件资源相对不占优势的乡镇农村地区，学生的数学学业成就更容易受到学校人际关系的影响。

(二)学校环境感受与学生性别的交互作用

如表 6-6 所示，同伴关系、师生关系和学生性别的交互作用未能达到显著水平，这说明同伴关系、师生关系对男、女学生的数学学业成就的影响类似。学校归属感和学生性别的交互作用显著，也就是说，学校归属感对男、女生的数学学业成就的影响模式存在显著差异。

表 6-6 影响学生数学学业成就的学校环境感受因素与学生性别的交互作用分析

模型	模型包含的主效应	交互作用	F 值	p 值
模型 1	性别、单亲家庭、独生子女、地域性质、同伴关系、师生关系、学校归属感	学生性别×同伴关系	0.525	0.496
模型 2		学生性别×师生关系	0.249	0.618
模型 3		学生性别×学校归属感	18.170	<0.001

如表 6-7 所示，学校归属感对男生数学学业成就的影响更大($R^2=2.6\%$，$p<0.001$)，约是女生的两倍($R^2=1.2\%$，$p<0.001$)。也就是说，相较女生，男生的数学学业成就更容易受到学校归属感的影响，即如果男生能够在学校中感到快乐、愿意去学校，则更容易帮助其数学学业成就获得提升。

表 6-7 学校归属感和学生性别的交互作用

编码	学生性别	学校归属感的解释率 R^2	p 值
1	男	2.6%	<0.001
2	女	1.2%	<0.001

(三)学校环境感受内部的交互作用

由于同伴关系、师生关系和学校归属感的相关程度较高(表 6-1)，所以学校环境感受内部可能不存在显著的交互作用。进一步分析后发现，影响学生数学学业成就的同伴关系、师生关系、学校归属感之间没有显著的交互作用(表 6-8)。

表 6-8　影响学生数学学业成就的学校环境感受因素内的交互作用分析

模型	模型包含的主效应	交互作用	F 值	p 值
模型 1	性别、单亲家庭、独生子女、地域性质、同伴关系、师生关系、学校归属感	同伴关系×师生关系	0.929	0.335
模型 2		同伴关系×学校归属感	0.424	0.515
模型 3		师生关系×学校归属感	2.513	0.113

第三节　讨论小结

一、学校环境感受对学生数学学业成就的影响较弱

分析结果表明，同伴关系、师生关系、学校归属感和学生数学学业成就均存在显著的正相关，其中师生关系和学生数学学业成就的相关系数最大（$r=0.170$，$p<0.01$），师生关系相比其他校园环境因素影响更大，该结论和同类研究的结论基本类似。但需要注意的是三个因素和学生数学学业成就的相关系数均未超过 0.2。在回归分析中，学校环境感受的三个因素的回归系数为正，且统计显著，但在控制学生的性别、家庭结构和地域性质后，学校环境感受仅能独立解释学生学业成就变异的 2.7%。

简言之，学校环境感受对学生数学学业成就有积极影响，但影响较小。这一研究结论与其他相关研究结论并不一致。2014 年，刘坚等人对大陆地区 21 105 名八年级学生调查研究得出了"学校归属感（包括同伴关系、是否愿意参加学校活动、是否喜欢学校、在学校是否感到孤独）对学生成绩有较大影响"。但需要注意的是，由于本书将同伴关系、师生关系和学校归属感视为学生个体的影响因素，故将其称为"学校环境感受"，和整体校园人文环境以示区别。而当在学校层分析这三个因素和学生数学学业成就的关系时，可以发现，同伴关系（$r=0.493$，$p<0.01$），师生关系（$r=0.307$，$p<0.01$）和学校平均数学学业成就的相关系数均超过 0.3，同时回归分析结果显示，三个因素对学校平均数学学业成就变异的解释率约达到了 28.5%。所以，本书中得到的结论和刘坚等人的研究结果并不矛盾。

二、学校人际关系对乡镇农村的学生影响更大

同伴关系、师生关系和地域性质均存在显著的交互作用，也就是说，在城市、县城、乡镇农村，同伴关系和师生关系对学生数学学业成就的影响不同。

如表 6-4、表 6-5 所示，同伴关系、师生关系对城市学生的数学学业成就的影响最小，对乡镇农村学生的影响最大。

该结论对农村学校教育具有一定的启发性。不同地域之间的家庭资源、师资力量、学校硬件环境存在差距，且这种差异短时间内可能无法弥补。那么，农村学校不妨着力提升校园人文环境，特别是校内人际关系，因为同伴关系和师生关系对乡镇农村学生的数学学业成就影响更大，成效更高。此外也有研究指出，家长对孩子的关心、同伴关系、师生关系是影响农村留守儿童心理健康的三个最主要因素。因此，无论是为了提高学业成就，还是促进儿童心理健康发展，都应大力加强乡镇农村学校的校园文化建设，构建积极良好的校内人际关系。

三、学校归属感对男生的影响更大

学生性别对学校归属感的影响具有调节作用，如表 6-7 所示，学校归属感对男生数学学业成就变异的解释率为 2.6%，而对女生的解释率仅为 1.2%。也就是说，男生的数学学业成就更容易受到学校归属感的影响。通过与同类研究结论相对照，可以发现在本书所设定的现实情境下，女生的学校归属感强于男生。由此可以推测，提高学校归属感是解决男生学校环境感受问题的关键。需要让男生喜欢上学，在学校能感觉快乐，从而提高男生的学校归属感，相较女生，学校归属感的提升将能更有效地提高男生的数学学业成就。

结合前文的结论，可以发现，外部环境、包括对外部环境的喜恶将对男生的数学学习造成较大影响。相较女生，男生更容易受到父母学历、父母职业和学校归属感的影响。理论和实证研究都表明，男生的心智发育相对落后于女生，特别是在独立能力、自控能力、适应性、学习策略等方面，所以外部环境以及能否适应外部环境对处于少年时期（初中）的男生的学习影响更大。此外，迪布瓦（DuBois）等人通过追踪研究证明了家庭环境对学生的学校适应水平具有显著的预测作用，这也进一步解释了男生的数学学业成就更容易受到外部环境的影响。

第七章　教师影响因素对数学学业成就的影响

　　本书涉及的教师影响因素包括教师性别、年龄、教龄、学历(专业)、职称、工作时间、MKT 和教师自我效能感。由于学生样本是在学校中随机抽取的，所以教师不能对应所教学生，因此将教师变量在学校层取均值以对应学生进行数据分析。

　　学校层的教师性别因素以女教师比例测量，教师的年龄、教龄、工作时间分段编码在学校层均值。学历、职称为分类编码，即将原问卷中数学学历重新编码为学历和师范专业两个因素在学校层取均值。MKT 采用测试形式，教师自我效能感为问卷量表。

第一节　相关变量描述

　　1. 教师性别、年龄、教龄

　　教师问卷的调查显示，Z 省受测数学教师中男教师占 49.5％，女教师占 50.5％，男、女教师比例基本均衡。由于校内学生为随机抽样，无法将学生与其所在班级的教师相匹配，因此教师变量在学校层取均值，而学校层的教师性别变量为女数学教师比例。

　　教师问卷中年龄的选项为 25 岁以下；25～29 岁；30～39 岁；40～49 岁；50～59 岁；60 岁及以上。教龄的选项为少于 1 年；1～2 年；3～4 年；5～10 年；11～15 年；16～20 年；20 年以上。调查显示，Z 省受测数学教师主要集中于 30～49 岁，教龄 10 年以上的占八成(详见表 7-1)。

表 7-1　数学教师年龄、教龄分布

年龄	人数	比例
25 岁以下	25	0.9％
25～29 岁	222	8.0％
30～39 岁	1 159	41.9％
40～49 岁	1 121	40.5％
50～59 岁	238	8.6％

续表

年龄	人数	比例
60 岁及以上	1	0.1%
教龄	人数	比例
少于 1 年	16	0.6%
1~2 年	26	0.9%
3~4 年	81	2.9%
5~10 年	429	15.5%
11~15 年	597	21.6%
16~20 年	648	23.4%
20 年以上	968	35.0%

注：以上"比例"为有效频率，部分选项存在缺失值。

2. 教师学历、职称、称号

教师问卷分别调查了数学教师"入职时的学历"和"现在的学历（含在读）"，选项分别为初中及以下、高中、中师、非师范中专、师范大专、非师范大专、师范本科、非师范本科、硕士研究生、博士研究生。调查结果显示，Z 省受测教师的学历不包含博士研究生，初中及以下学历教师比例极低，可以视为系统缺失。生成教师学历变量时，合并同等学力（详见表 7-2）并提取教师师范专业比例，师范专业教师占 89.4%，有 62.9% 的学校中的数学教师均为师范专业毕业。

表 7-2 数学教师入职学历、目前学历分布

入职学历	人数	比例
高中、中师、非师范中专	287	10.4%
师范大专、非师范大专	1 583	57.3%
师范本科、非师范本科	871	31.5%
硕士研究生	21	0.8%
目前学历	人数	比例
高中、中师、非师范中专	8	0.3%
师范大专、非师范大专	152	5.5%
师范本科、非师范本科	2 552	92.3%
硕士研究生	52	1.9%

注：以上"比例"为有效频率，部分选项存在缺失值。

教师问卷所调查的教师职称的选项包括未评职称、二级教师、一级教师、高级教师。据调查，半数数学教师为"中教一级"职称，约 30% 的数学教师为"高级教师"职称（详见表 7-3）。

教师问卷所调查的教师称号包括特级教师、省级骨干教师、市级或区县级骨干教师、镇级或乡级骨干教师、校级骨干教师、以上都不是。在学校层合成"教师称号"变量时选用区县以上级骨干教师比例，即为"特级教师""省级骨干教师"和"市级或区县级骨干教师"的人数比例。

表 7-3　数学教师职称、称号分布

教师职称	人数	比例
未评职称	55	2.0%
二级教师	510	18.5%
一级教师	1 380	50.1%
高级教师	809	29.4%
教师称号	人数	比例
特级教师	2	0.1%
省级骨干教师	9	0.3%
市级或区县级骨干教师	504	18.2%
镇级或乡级骨干教师	174	6.3%
校级骨干教师	870	31.4%

注：以上"比例"为有效频率，部分选项存在缺失值。教师称号中"以上都不是"未列入统计范围。

3. 工作时间

教师问卷调查了数学教师平时每天的工作时间，选项包括 5～7 小时、8～9 小时、10～11 小时、12～13 小时、14 小时以上。还调查了数学教师每周要上多少节课，选项包括 6 节以下、6～10 节、11～15 节、16～20 节、21～25 节、26 节及以上。约半数的受测数学教师每天的工作时间为 10～11 小时，绝大多数数学教师的工作时间为 8～13 小时，半数以上的数学教师每周课时数为 11～15 节（详见表 7-4），大约是每周带两个班的数学课。

表 7-4　数学教师每天工作时间、每周课时数分布

大约每天工作时间	人数	比例
5～7 小时	40	1.4%
8～9 小时	652	23.6%
10～11 小时	1 259	45.6%
12～13 小时	573	20.7%
14 小时以上	239	8.7%
大约每周课时数	人数	比例
6 节以下	57	2.1%
6～10 节	503	18.2%
11～15 节	1 513	54.7%
16～20 节	510	18.4%
21～25 节	135	4.9%
26 节及以上	50	1.7%

注：以上"比例"为有效频率，部分选项存在缺失值。

4. MKT

教师 MKT 测试采用纸笔测试形式，试题在数学教学知识维度分为一般数学内容知识、教学所需数学知识、内容和学生知识、内容和教学知识四类；内容领域包括图形与几何（4 题）、数与代数（4 题）、统计与概率（4 题）、综合与实践（4 题）。事实上，初中数学课程中统计与概率内容所占的比例不如数与代数、图形与几何，但前期研究表明我国教师在统计内容上的表现欠佳，故组卷时刻意增加了统计与概率内容的比重（MKT 测试工具介绍详见下文）。

对各题的原始作答正确情况按照四个知识分类做验证性因子分析，结果显示拟合指数（CFI）为 0.984，Tucker-Lewis 指数为 0.978，近似误差均方根（RMSEA）估计值（0.016）均在良好范围内，且其 90% 置信区间为 0.011～0.021，标准化残差均方根（SRMR）为 0.019，结构效度理想；量表的整体内部一致性为 0.91，分模块信度均在 0.8 以上。

5. 教师自我效能感

教师问卷采用教师自陈的方式，分别从因材施教（5 题）、参与式教学（3 题）、引导探究（8 题）、教学反馈与调整策略（4 题）、教学工作活力（3 题）、教

学工作认同(2 题)、教学工作专注(3 题)7 个方面,共计 28 题,测量数学教师的"教师自我效能感"(TSE)"。采用 5 点量表,教师选择从"完全不符合"到"完全符合"或"从不"到"总是"表达对上述各题的态度。

因子分析结果显示,拟合指数(CFI＝0.932)和 Tucker-Lewis 指数(TLI＝0.941)均在 0.9 以上,近似误差均方根(RMSEA)估计值(0.064)在良好范围内,且其 90％置信区间为 0.063～0.065,标准化残差均方根(SRMR＝0.032)小于 0.08,且每道题的因子载荷均大于 0.6;量表的整体内部一致性为 0.93,说明量表的结构效度和信度都很理想,测试结果科学可信。

一、　数学教学知识(MKT)

自 1986 年舒尔曼(Shulman)创造性地提出"学科教学知识"(Pedagogical Content Knowledge,PCK),统一了教师专业发展中学术性和师范性的二元对立,PCK 就成为教师专业发展的核心知识、学科知识联系教学和学生的重要纽带。随后许多研究者不断补充或重新定义 PCK 的内涵,如格罗斯曼(Grossman)将教学目的知识、课程与教材知识纳入其中,科克伦(Cochran)等人提出 PCK 是教师在学校背景下,为了特定的学生的教学,联结了教学法知识和学科内容的认识。数学教育研究者也做出了一些开拓性的工作,密歇根大学鲍尔(Ball)教授带领的研究团队提出数学教学知识(MKT)的理论框架并设计测试工具,再通过大规模测试修正改进理论模型。

Ball 教授将 MKT 分为学科知识和教学内容知识两部分,其中测试框架中学科知识包含一般内容知识(CCK)、特殊内容知识(SCK);教学内容知识包含内容和学生知识(KCS)、内容和教学知识(KCT)。

事实上,MKT 的理论框架(也称为"橄榄球模型",见图 7-1)原本包括一般内容知识、特殊内容知识、水平化知识、内容和学生的知识、内容和教学的知识、教材的知识,但后期 LMT 团队所研发的测试工具中并未包括水平化知识和教材的知识。一方面,水平化知识设计需要教师了解目前所教内容对后继内容的影响,但各地(特别是美国)教学内容和顺序并不统一,所以不便测量,教材的知识也是如此;另一方面,这两块知识也分别渗透在学科内容知识和教学内容知识之中,单独测量的意义不大。因此,在后来的 MKT 测试工具中,包括中国本土化后的"MKT 测试"中都只保留了 4 个知识分类。

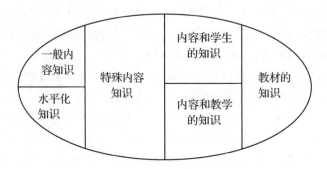

图 7-1 数学教学知识理论框架

二、MKT 测试说明

MKT 测试形式均为选择题，命题组在试题研发的多轮讨论中充分考虑了真实教学环境下教师可能遇到的知识、教学或学生的问题，除正确选项之外的其他选项基本都是数学教师在日常教学中常常可能遇到的错误或非最佳情况。测试时间为 30 分钟。可以发现，与学生数学学业成就测试不同，教师的测试时间并不宽裕，每道题约耗时 1～2 分钟，目的是尽可能考查教师在真实教学情境中可能做出的第一反应。

自 2010 年曹一鸣教授引进 MKT 测试工具，经历了试题翻译、发声思维、试题研磨、小规模预测试、试题修正、全国 5 个学区测试、中美试题参数比较、框架改进、题库扩充、大规模区域测试等环节（详见图 7-2），逐步完善了MKT 本土化测试工具。

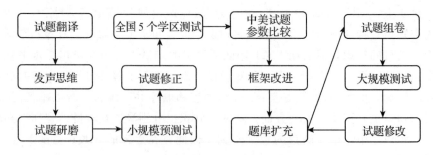

图 7-2 MKT 测试工具本土化发展

2010 年，根据我国课程内容挑选美国 MKT 测试试题，并结合我国语言、文化特点进行翻译，如人名、地名和数学术语等，并且将试题中对中国教学人员比较陌生的情境替换为符合我国教学实际和习惯的情境，再请一线教师、教研员、数学教育研究人员对译后试题与原试题进行核对，以保证测试内容的准确性。试题翻译完成后，选取北京市 8 名初中教师进行初中试题的发声思维测试，即请教师通过口答的方式做题，并描述对题意的理解和解题思路，借此进一步检验试题表述是否存在歧义，并在此基础上研磨试题，初步形成一套测试卷。在此基础上，选取比较有代表性的城市骨干教师、郊区教师、偏远地区教师、师范生等群体，进行小规模预测试，计算题目的难度、区分度等，筛选题目组成最终测试卷，并进一步优化试题选项表述。2011 年至 2013 年，对我国东、南、西、北、中 5 个学区的初中数学教师进行分层随机抽样测试，并利用测试结果（试题难度参数、教师各维度表现得分）进行中美比较。根据我国教师的测试数据并结合教师调查问卷，改进 MKT 测试及理论框架，得到更符合我国数学教师的数学教学知识模型，并在此基础上制定细目表命制测试题以扩充题库。自 2013 年开始，"区域教育质量健康体检与改进提升"项目的区域测试，通过超过每题 1 000 人次的大规模测试结果得到了更加准确的试题参数和更加丰富的初中数学教师作答情况，逐步调整优化试题。命题工作也在同步进行，进一步扩展题库，可以实现根据区域往年测试结果的特点，组卷形成更有针对性的测试工具，目标是逐步实现计算机自适应评价。

（一）命题组卷

MKT 测试工具的命题工作主要基于以下三个出发点展开。

一是数学内容，如数与代数、图形与几何、统计与概率等。

二是课堂教学任务，如学生讨论、评价学生、教材解读等。

三是数学教学任务，如定义表达、多元表征间的连接等。

MKT 的命题人员包括数学教师、教研员、数学家、课标编写人员、数学教育研究者及教育和心理测量专家。美国题库中的每套测试题都至少施测 400 名四至八年级数学教师，而我国本土化题库中每道题均施测超过 1 000 名数学教师，并根据测试后的试题参数修正题目，可以说是对 MKT 测试的理论框架和测试工具的进一步完善。

MKT 的组卷工作主要依据以下三条原则。首先，基于教师专业标准。"中小学教师专业标准（试行）"对教师的专业知识提出了明确的要求，强调教师的实践能力，要求教师把学科知识、教育理论与教育实践相结合，不断研究，改善教育教学工作，提升专业能力。MKT 测试基于《中小学教师专业标准》对教师知识的要求，并参考近年来教师知识研究的最新成果设计测试卷的结构和内容。其次，科学的编制流程。MKT 测试工具编制过程及程序的科学性、规范性和高质量的过程控制，在很大程度上能够保证测试工具的高质量。从测试专家队伍的组建，到测试框架、命题指南和双向细目表的编制，再到试题的征集、研磨等，MKT项目组都严格按照编制流程进行。最后，基于数据的试题分析。从试题类型的安排，试题的难度、信度和效度的分析，到具体试题的修改完善，再到试卷属性的确定，MKT项目组都追求基于大范围、代表性的访谈、测试等数据的分析。所有试题的改进、优化或替换都基于证据的分析。

(二)测试框架

在MKT测试工具本土化过程中，结合教师访谈、教师问卷以及测试结果的分析可以发现，测试框架中的四个知识分类并非完全平行，从理论上以及实际测试结果上来看，教学内容知识的表现都基于学科知识的表现，即测试框架由原先理论框架的橄榄球模型调整为立体模型(详见图7-3)。

我国数学教师大部分毕业于数学专业，因此数学学科知识普遍优于美国教师，特别是一般内容知识，但教学内容知识的优势并不突出，甚至有些还比较薄弱，数学教师的教学内容知识(内容和学生知识、内容和教学知识)是在其学科知识基础上的表现，低年级数学教师的一般内容知识和特殊内容知识表现差异较小，需要合并分析，因此立体模型更符合我国数学教师的特点，也更容易解释测试结果。

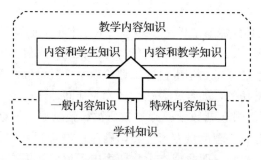

图 7-3 MKT 测试框架(本土化测试修正后)

MKT测试框架中的四个知识分类的具体解释如下：

一般内容知识，受过良好教育的人具有的数学内容知识，与数学教学工作无关的"纯"数学知识。

特殊内容知识，从事数学教学工作所特需的数学知识，包括对数学思想的理解，对运算规则或步骤的解读。例如，对数学思想的理解，对运算规则或步骤的解读。

内容和学生知识，数学内容和学生相关的知识。例如，当教师布置一个任务时，知道什么任务学生能参与及对于他们的难易程度，倾听和解答学生表述的想法。

内容和教学知识，数学内容和教学相关的知识。例如，教学设计中如何选择例子让学生能够更深入地理解知识。

为了能够更清晰地阐释上述测试维度，下面结合真实测试题目进行具体说明。

例如，计算减法 $75-18$。

假设数学教师能正确计算减法 $75-18$，则具有"一般内容知识"（CCK）；知道计算减法 $75-18$ 的计算方法，则是其所具有的"特殊内容知识"（SCK）；了解学生为什么给出 $75-18=63$ 的知识是"内容和学生知识"（KCS）；知道教 $75-18$ 时运用不同方法的优点和缺点则属于"内容和教学知识"（KCT）。

（三）测试样题

➤ 一般内容知识样题

有理数与无理数的和是无理数。（　　　）

A. 正确

B. 错误

C. 不知道

该题主要考查数学教师对有理数和无理数的和是有理数还是无理数的判断，属于一般内容知识。Z 省教师的正确率约为 93.3%。

➤特殊内容知识样题

老师在学生学习对分数的小数时，问 $\frac{a}{43}$ 是否能用有限小数或循环小数表示并给出简单解释。其中，a 是整数，且 $\frac{a}{43}$ 是既约分数。下列说法正确的是（　　　）。

A. 因为不知道 a 的具体值，所以无法回答

B. 整数 a 的具体值决定了是有限小数还是循环小数

C. 因为 43 既不是 2 的倍数也不是 5 的倍数，所以是一个循环小数

D. 我用计算器计算了一下，结果是 $0.023\ 255\ 814$，因为没有规律，所以推测结果既不是有限小数也不是循环小数

本题主要考查教师对分数的小数表示理解的问题，不仅需要教师判断什么分数能够用有限小数或循环小数表示，还需要教师了解分母的数值特征对小数表示的影响，是数学教学所需的数学知识。正确选项为 C，Z 省教师的正确率约为 43.7%。有不少教师错选 B 选项，说明部分教师对有限小数和循环小数

的理解还不够深刻，在教学时可能会出现问题。

➤ 内容与学生知识样题

王老师让她的学生解决以下问题：已知两个三角形相似，求 x。

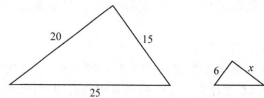

有些学生的答案是 $x=4.5$，为了帮助这些学生，以下哪个问题你认为最值得关注？（　　）

A. 提醒学生细致小心，以防犯错

B. 提醒学生弄清加法变化和比例变化的不同

C. 提醒学生确定正确的对应边关系

D. 提醒学生通过交叉相乘 $ad=bc$ 的方法解决形如 $a:b=c:d$ 的比例计算

本题主要考查在相似三角形教学中教师需要了解学生可能的犯错原因，属于内容与学生知识。学生的错误答案是 $x=4.5$，是没有注意到两个三角形的位置关系，未能建立正确的对应关系，因此最值得关注的问题是选项 C，Z 省教师的正确率约为 63.2%。

➤ 内容与教学知识样题

李老师正在设计根式化简的教学，她想找到一个例子，用来引发学生尝试使用多种方法化简根式。以下哪个例子最能帮助李老师实现教学目的（　　）。

A. $\sqrt{48}$

B. $\sqrt{63}$

C. $\sqrt{99}$

D. $\sqrt{150}$

本题主要考查教师在根式化简中选择教学案例的问题，属于内容与教学知识，需要教师从四个选项中选择一个最有利于"用来引发学生尝试使用多种方法化简根式"的例子，所以应该选择化简方式最多的 A 选项，Z 省教师的正确率约为 69.5%。

第二节　分析结果

一、相关分析和回归分析

表 7-5 展示了教师影响因素和学生数学学业成就的相关系数。分析结果表明，教师影响因素与学生数学学业成就均存在显著相关，但女教师比例（$r=0.019$）、年龄（$r=0.022$）、教龄（$r=0.067$）、每周课时数（$r=-0.045$）的相关系数较小，并且这些教师因素和学生数学学业成就的相关效应微弱。此外，仅有 MKT 和学生数学学业成就的相关系数达到了 0.2 以上（$r=0.203$），其他教师影响因素，如学历、职称、每天工作时间、教师自我效能感的相关系数均在 0.2 以下。

表 7-5　教师因素和学生数学学业成就的相关分析

因素	1	2	3	4	5	6	7	8	9	10	11	12
1. 数学学业成就	—											
2. 女教师比例	0.019**	—										
3. 年龄	0.022**	−0.168**	—									
4. 教龄	0.067**	−0.166**	0.826**	—								
5. 入职学历	0.100**	0.230**	−0.484**	−0.574**	—							
6. 目前学历	0.169**	0.133**	−0.202**	−0.130**	0.298**	—						
7. 师范专业比例	0.095**	−0.118**	0.045**	0.179**	−0.070**	0.057**	—					
8. 职称	0.199**	0.057**	0.519**	0.587**	−0.213**	0.259**	0.252**	—				
9. 骨干教师比例	0.118**	−0.068**	0.026**	0.095**	−0.052**	0.073**	0.123**	0.299**	—			
10. 每天工作时间	0.133**	0.048**	−0.031**	−0.019**	0.035**	0.133**	0.086**	0.050**	−0.028**	—		
11. 每周课时数	−0.045**	−0.024**	−0.083**	−0.111**	0.012	−0.031**	−0.087**	−0.225**	−0.111**	0.308**	—	
12. MKT	0.203**	0.062**	0.091**	0.078**	0.089**	0.032**	0.036**	0.151**	0.126**	0.157**	−0.096**	—
13. 教师自我效能感	0.101**	0.041**	−0.052**	0.029**	−0.021**	0.014*	0.031**	0.024**	0.202**	0.121**	−0.088**	0.153**

注：＊＊ 表示在置信度（双测）为 0.01 时，＊ 表示在置信度（双测）为 0.05 时，相关性是显著的。

进一步进行回归分析，对学生基本变量进行控制，将教师影响因素纳入层次回归模型。相关分析的结果显示教师年龄和教师教龄相关度非常高（$r=0.826$，$p<0.01$），若将两者同时放入回归模型，会造成多重共线性的问题，

因此只将相关更强的教师教龄因素纳入层次回归模型。需要说明的是，在下文的回归分析中都将不再考虑教师年龄因素。

如表7-6所示，在学生的基本控制变量的基础上，教师影响因素还可以解释学生数学学业成就变异的5.4%，教师影响因素和学生基本变量共同的解释率为12.9%。其中师范专业教师比例对学生数学学业成就的影响未达到显著水平。教师目前学历每提升一个单位（1：高中、中师、非师范中专，2：师范大专、非师范大专，3：师范本科、非师范本科，4：硕士研究生），学生数学学业成就就增长30.6分，约0.08个标准差。影响较大的因素是教师职称，教师职称每提升一个单位（1：未评职称，2：二级教师，3：一级教师，4：高级教师），学生数学学业成就就增长18.7分，约0.11个标准差。但总体说来，教师影响因素对学生数学学业成就的影响并不大。

表 7-6　教师影响因素预测学生数学学业成就的层次回归模型结果

模型	因素	回归系数	标准化回归系数	R^2 改变
模型1	性别	8.928***	0.053***	0.075***
	单亲家庭	19.599***	0.058***	
	独生子女	−18.997***	−0.114***	
	是否为城市	15.366***	0.075***	
	是否为乡镇农村	−29.946***	−0.179***	
模型2	性别	7.578***	0.045***	0.054***
	单亲家庭	17.917***	0.053***	
	独生子女	−14.292***	−0.086***	
	是否为城市	5.747***	0.028***	
	是否为乡镇农村	−17.891***	−0.107***	
	女教师比例	−12.672***	−0.042***	
	入职学历	19.617***	0.092***	
	目前学历	30.617***	0.077***	
	师范专业比例	4.201	0.009	
	教龄	2.006*	0.019*	
	职称	18.683***	0.112***	

续表

模型	因素	回归系数	标准化回归系数	R^2改变
模型2	骨干教师比例	6.918**	0.019**	0.054***
	每天工作时间	10.442***	0.083***	
	每周课时数	−1.778*	−0.013*	
	MKT	7.892***	0.095***	
	教师自我效能感	6.000***	0.054***	

注：*表示 $p < 0.05$，**表示 $p < 0.01$，***表示 $p < 0.001$。

相关分析和回归分析的结果不尽如人意，也不太符合理论预期。例如，"预期—结果"研究范式和"教育生产函数"都较为关注的教师教龄因素和学生数学学业成就的关联并不强（$r = 0.067$，$p < 0.01$），回归系数也偏低（$\beta = 0.019$，$p = 0.048$）。教师影响因素和学生数学学业成就的相关都未能达到中等强度（$r = 0.3$），标准化回归系数除了教师职称外（$\beta = 0.122$，$p < 0.01$），均在 0.1 以下，且教师影响因素对学生数学学业成就变异的解释率也偏低。

下面有必要对此结果进行进一步的解释分析。通过方差分析可以发现（详见表7-7），不同地域间教师影响因素存在显著差异，事后检验也表明，各项教师影响因素均表现出城市大于县城，县城大于乡镇农村。其中，MKT（$\eta^2 = 0.128$）和教师职称（$\eta^2 = 0.082$）在不同地域的差异达到了中等强度以上，说明MKT学教学知识和教师职称在城市、县城和乡镇农村存在较大差距。

表7-7 不同地域的教师影响因素差异

教师影响因素	城市	县城	乡镇农村	F值	事后检验
女教师比例	0.576	0.501	0.471	252.11***	1>2>3
入职学历	2.309	2.195	2.167	235.95***	1>2>3
目前学历	2.981	2.954	2.901	312.55***	1>2>3
师范专业比例	0.941	0.915	0.848	564.15***	1>2>3
教龄	5.841	5.778	5.521	407.03***	1>2>3
职称	3.205	3.146	2.884	1 089.40***	1>2>3
骨干教师比例	0.232	0.218	0.110	804.18***	1>2>3
MKT	0.704	0.150	−0.232	1 820.28***	1>2>3
教师自我效能感	0.218	0.071	−0.038	208.70***	1>2>3

注：***表示 $p < 0.001$。

教师影响因素的地域差异较大，不仅表现为教师学历、职称、骨干教师比例、MKT、教师自我效能感这些因素存在地域差异，还表现为教师性别在城乡之间也存在差异，乡镇农村的女性教师比例显著低于城市地区。

和学生的地域差异不同，初中生的地域归属主要由其出生或父母迁移决定，而教师的地域归属可能在其读大学和择业时发生了较大变化，因此教师更具有流动性。相对而言，城市学校更容易获得更高学历、高职称、高师范专业比例、教学能力强的教师资源。这就不难解释，在教师学历、职称、骨干教师比例、教师教学知识和教师自我效能感方面，城市教师优于县城、乡镇农村。此外，教师性别的地域差异和同类研究的调查结果基本类似。因为在经济较为发达的地区（如城市），职业分工更加多元化，男性从业者会向报酬更高的职业流动，故城市地区的女教师比例高于乡镇农村。由此可见，教师影响因素对学生数学学业成就变异的解释和地域性质因素有较大重叠，所以在控制学生基本变量（特别是地域性质）时，教师影响因素的效应就会显得比较弱。

此外，以上分析直接以学生作为研究单位考查教师影响因素的效应有一定的局限性，具体原因如下：在学校教学中，教师因素无法解释班级内部学生的数学学业成就变异，因为教师因素对班级内部学生产生的影响是一致的。从理论角度来看，教师影响因素只能影响班级间或学校间的学生学业成就差异，即班级均分或学校均分的变异。在本书中，教师的影响因素为"学校平均水平"，所以对同一个学校的学生来说，教师的"平均影响因素"是一致的，无法解释学生个体间的数学学业成就差异。故我们有必要以学校为研究单位，对教师影响因素进行重新考查。

二、在学校层的再分析

以学校为研究单位，即在学校层计算学生数学学业成就的均分，重新进行教师影响因素和学生数学学业成就的相关分析。表 7-8 展示了以学生为研究单位的教师影响因素和学生数学学业成就的相关系数，以及以学校为研究单位的教师影响因素和学校平均数学学业成就的相关系数。可以发现，在学校层的相关系数相比较学生层都有较大的提高，更符合预期。

表 7-8　在学生和学校层上教师影响因素和学生数学学业成就的相关分析结果

教师影响因素	在学生层的 r 值	在学校层的 r 值
女教师比例	0.019**	0.030
教龄	0.067**	0.175**

教师影响因素	在学生层的 r 值	在学校层的 r 值
入职学历	0.100**	0.182**
目前学历	0.169**	0.347**
师范专业比例	0.095**	0.219**
职称	0.199**	0.422**
骨干教师比例	0.118**	0.238**
每天工作时间	0.133**	0.268**
每周课时数	-0.045**	-0.100*
MKT	0.203**	0.366**
教师自我效能感	0.101**	0.185**

注：*表示 $p < 0.05$. **表示 $p < 0.01$。

同时可以发现，在学校层，女教师的人数比例和学生的数学学业成就没有显著的相关关系。事实上，在学校层，女教师人数比例和学生数学学业成就的相关系数（$r = 0.030$，$p = 0.529$）大于学生层的相关系数（$r = 0.019$，$p = 0.004$），只是因为在学生层分析时样本量（$N = 25\ 029$）远大于学校的样本量（$N = 433$），所以相关分析更容易显著。该分析结果也再次说明关注效应量的重要性。在教师影响因素中，教师职称和学生数学学业成就的相关性最高（$r = 0.422$，$p < 0.01$），达到了高强度水平。教师的目前学历（$r = 0.347$，$p < 0.01$），MKT（$r = 0.366$，$p < 0.01$）次之，也都达到了中等强度水平。

值得注意的是，教师每天的工作时间和学生数学学业成就呈正相关（$r = 0.268$，$p < 0.01$），但每周的课时数却和学生数学学业成就呈负相关（$r = -0.100$，$p = 0.037$）。教育部发布《义务教育课程设置实验方案》规定八年级学生每周总课时数应为 34 节，其中数学课所占百分比为 $13\% \sim 15\%$，所以一个学生每周的数学课的课时数是相对固定的，教师的每周课时数随所带的班级量增加而翻倍。我们可以初步推论，数学教师的授课班级过多可能将对学生的数学学习效果产生消极影响。

教师影响因素中部分因素之间存在较强的相关关系，并不完全独立，如教龄和入职学历（$r = -0.560$，$p < 0.01$），教龄和教师职称（$r = -0.597$，

$p<0.01$)的相关性较强，所以不能简单地将全部因素放入回归模型进行分析。需要对教师影响因素进行逐步回归分析（详见表7-9），其中和学生数学学业成就无显著相关的女教师比例因素没有被放入回归方程。

逐步回归的基本思路是将自变量逐步纳入回归方程，纳入条件是该自变量经 F 检验后显著，并将已经选入回归方程的自变量逐个进行 t 检验，若原来的自变量由于后来纳入自变量而变得不再显著，则将其删除。直至回归方程中不再有自变量被选入，也不再有显著的自变量被删除为止。

如表7-9所示，最终进入模型的教师影响因素包括教师职称、MKT、目前学历、入职学历、每天工作时间、教师自我效能感、教龄、骨干教师比例，被排除的因素是师范专业比例和每周课时数，说明这两个因素对学生数学学业成就的影响效应偏低，或可以被其他因素代替解释。

表7-9　教师影响因素预测学生数学学业成就的逐步回归模型结果

模型	因素	回归系数	标准化回归系数	R^2改变
模型1	教师职称	36.497***	0.422***	0.178***
模型2	教师职称	32.836***	0.379***	0.093***
	MKT	13.873***	0.307***	
模型3	教师职称	26.411***	0.305***	0.060***
	MKT	13.971***	0.309***	
	目前学历	52.098***	0.255***	
模型4	教师职称	31.749***	0.367***	0.025***
	MKT	12.963***	0.287***	
	目前学历	37.253***	0.182***	
	入职学历	20.363***	0.179***	
模型5	教师职称	31.556***	0.365***	0.024***
	MKT	11.93***	0.264***	
	目前学历	32.466***	0.159***	
	入职学历	20.797***	0.183***	
	每天工作时间	10.635***	0.158***	

续表

模型	因素	回归系数	标准化回归系数	R^2改变
模型6	教师职称	31.583***	0.365***	0.015**
	MKT	11.303***	0.250***	
	目前学历	31.972***	0.157***	
	入职学历	21.345***	0.188***	
	每天工作时间	9.671***	0.143***	
	教师自我效能感	7.458**	0.125**	
模型7	教师职称	25.906***	0.299***	0.006*
	MKT	11.146***	0.247***	
	目前学历	35.251***	0.173***	
	入职学历	26.746***	0.235***	
	每天工作时间	9.713***	0.144***	
	教师自我效能感	7.365**	0.124**	
	教龄	6.604*	0.120*	
模型8	教师职称	22.796***	0.263***	0.007*
	MKT	10.826***	0.240***	
	目前学历	35.807***	0.175***	
	入职学历	27.376***	0.241***	
	每天工作时间	10.238***	0.152***	
	教师自我效能感	6.327**	0.106**	
	教龄	7.483*	0.136*	
	骨干教师比例	18.257*	0.091*	

注：* 表示 $p<0.05$，* * 表示 $p<0.01$，* * * 表示 $p<0.001$。

被选中的教师影响因素对学生数学学业成就均有显著的积极影响，对学校平均数学学业成就变异的解释率累积达到40.8%，其中教师职称、入职学历 MKT 的影响较大，教师职称每提高一个单位(1：未评职称，2：二级教师，3：一级教师，4：高级教师)，学校的平均数学学业成就就会增长22.8分，约 0.26 个标准差；教师入职时的学历每提高一个单位(1：高中、中师、非师范中专，2：师范大专、非师范大专，3：师范本科、非师范本科，4：硕士研究生），学校平均数学学业成就就会增长27.4分，约0.24个标准差；MKT每提高一个单位，学校平均数学学业成就就会增长10.8分，约0.24个标准差。骨干教师比例的影响较弱（$\beta=0.091$，$p=0.025$）。

将筛选出的教师影响因素：教师职称、教龄、MKT、目前学历、入职学历、每天工作时间、教师自我效能感进行层次回归分析。第一步将MKT放入回归模型，第二步放入教师的入职学历、目前学历、教龄、教师职称、每天工作时间和教师自我效能感。

如表7-10所示，第一步只放入MKT时，教师影响因素对学校平均数学学业成就变异的解释率为12.9%，达到中等以上的强度水平，再放入其他教师影响因素还可以增加27.1%的解释率。同时我们还发现，在所有教师影响因素中，MKT的偏相关系数最大，表明MKT对学生数学学业成就具有较强的独立解释性。换言之，在教师影响因素中，除了比较容易获得的人口学因素（如性别、年龄、学历、职称等），工作投入（工作时间）和教师自我效能感之外，MKT也是一个对学生数学学业成就影响较大并且具有较强独立解释率的重要的教师影响因素。

表7-10 筛选后教师影响因素预测数学学业成就的层次分析模型结果

步骤	因素	标准化回归系数	偏相关系数	R^2改变
第一步	MKT	0.247***	0.294***	0.129***
第二步	入职学历	0.235***	0.232***	0.271***
	目前学历	0.173***	0.187***	
	教龄	0.120*	0.102*	
	教师职称	0.299***	0.267***	
	每天工作时间	0.144***	0.178***	
	教师自我效能感	0.124**	0.155**	

注：*表示$p<0.05$，***表示$p<0.001$。

该分析展示了在教师因素对学生数学学习（教师效能）的研究中纳入MKT的必要性。一方面，从理论发展和大规模测量的角度来说，方便测量的教师人口学变量不能完全解释教师的知识水平和教学技能，而教学行为研究特别是教学录像分析不便于在大规模测试中使用，故 MKT 研究是必要的有效补充；另一方面，在实际的测试结果中，相比较其他教师影响因素，MKT 对学生的数学学业成就有较大的积极影响，且具有独立的不可替代性。此外，MKT 由教师测试得到，比教师自陈式量表所得的数据更加真实客观。

三、交互作用分析

本节将进一步细致考查学生的教师影响因素中的教师教学因素对学生数学学业成就的影响。下面使用一般线性模型，将 MKT 和教师自我效能感交互项纳入模型。

如表 7-11 所示，在教师因素预测学生数学学业成就的模型中，教师自我效能感、教师每天工作时间对 MKT 有显著的调节作用，即 MKT 在具有不同自我效能感水平的教师对学生的数学学业成就的影响模式上存在显著差异，不同工作时间的教师的 MKT 对学生的数学学业成就的影响的大小也不同。

表 7-11　影响学生数学学业成就的 MKT 和教师自我效能感交互作用分析

模型	模型包含的主效应	交互作用	F 值	p 值
模型 1	入职学历、目前学历、教龄、教师职称、每天工作时间、MKT、教师自我效能感	MKT×教师自我效能感	7.939	0.005
模型 2		MKT×每天工作时间	7.396	0.007

如图 7-4 所示，横坐标为根据百分位数将教师自我效能感划分的 10 个水平，纵坐标为教师 MKT 和学生数学学业成就的相关系数，空心点说明在该教师自我效能感水平上，教师的 MKT 和学生平均数学学业成就无显著相关。可以看出，当教师自我效能感处于中等以下水平时，教师的 MKT 和学生数学学业成就没有显著的相关关系；当教师自我效能感处于中等以上水平时，随着教师自我效能感水平的提高，教师的 MKT 对学生数学学业成就的积极影响也逐步增大。

换言之，虽然从相关分析和回归分析的结果来看，教师自我效能感对学生数学学业成就的直接作用没有教师的 MKT 大，但教师自我效能能够有效调节教师的 MKT 对学生数学学业成就的影响：教师自我效能感较弱的教师，其 MKT 对学生的影响也较弱，甚至没有显著影响；教师自我效能感越强，教师的 MKT 对学生的数学学业成就的积极影响也越大。教师的 MKT 和教师自我效能感强强结合，对学生的数学学业成就产生的积极作用更大。

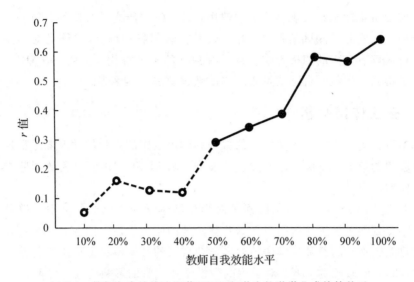

图 7-4　教师自我效能感调节 MKT 和学生数学学业成就的关系

如图 7-5 所示，横坐标为教师平均每天的工作时间，纵坐标为教师的 MKT 和学生数学学业成就的相关系数，空心点代表在该时间段上，教师的 MKT 和学生数学学业成就的相关关系达不到显著水平。可以发现，教师平均明天工作时间为 8～10 小时时，教师的 MKT 和学生数学学业成就呈显著的正相关（$r=0.346$，$p<0.01$），随着教师平均每天工作时间的增长，教师的 MKT 对学生数学学业成就的影响效应呈增大趋势，当教师平均每天的工作时间达到 12 小时以上时，教师的 MKT 对学生数学学业成就的积极影响最大（$r=0.592$，$p<0.01$）。

需要解释的是，教师每天工作时间对学生数学学业成就的积极影响，以及教师每天工作时间对教师的 MKT 和学生数学学业成就关系的调节作用，是基于教师对同一群体学生的作用。结合前文相关分析的结果可以知道，每周课时数会对学生的数学学业成就产生负向影响（$r=-0.100$，$p<0.01$）。因此，单纯增加数学教师的工作量（如一位教师承担多班数学教学任务），即便增加了教师的工作时间，但对特定班级的学生来说，并不一定能够从教师课堂中获得更多的知识。其内在原因不言自明，教师的工作强度增大，而其工作效率与精力投入并非会得到相应的增加。因此，这里的"每天工作时间"因素，可以解释为教师对某个或某群学生的时间投入和精力倾注，这往往会受到教师个人对职业的热爱和敬业程度的影响，也会受到学校管理和校园文化的影响。倘若简单地将图 7-5 理解为"教师的工作量越大越好"，不但不能有助于学生数学学习效果的提高，甚至还可能产生消极影响。

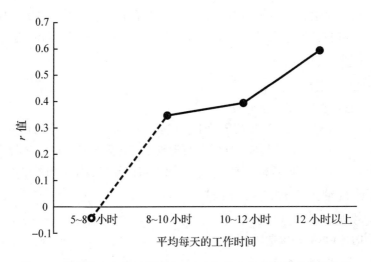

图 7-5　教师每天工作时间调节 MKT 和学生数学学业成就的关系

第三节　MKT 的影响

根据前文的分析，MKT 对学生数学学业成就有不可替代的积极影响，所以有必要对其继续进行深入的挖掘与分析，特别是探索 MKT 所包含的 4 种知识：一般内容知识、特殊内容知识、内容和学生知识、内容和教学知识对学生数学学业成就的影响。

此外，为进一步研究 MKT 对学生数学学习效果的影响，除了第二章"研究工具"中提及的"数学学业成就测试"，再对测试中部分题目进行筛选，以得到学生的"高层次认知能力表现"，并作为应变量一同纳入分析模型。下面通过以下几个特征定义"高层次认知能力"。

(1)深入理解概念、定理的实质。

(2)综合运用概念、结论分析解决问题。

(3)通过阅读分析解决问题。

将具备上述特征的题目汇总评分，得到九年级学生的"高层次认知能力"得分。

一、分析模型设定

以学生的数学学业成就测试得分和高层次认知能力表现为因变量，以学生父母的教育背景、数学教师的 MKT 的四个维度的得分为自变量，建立分层线性模型。由于 Z 省的学生测试分层抽样单位选取的是学校而非班级，所以学校为第二层，将教师变量在学校水平上取均值纳入模型；学生为第一层。

（一）零模型

第一层（学生）：$y_{ij} = \beta_{0j} + r_{ij}$；

第二层（学校）：$\beta_{0j} = \gamma_{00} + \mu_{0j}$。

其中 y_{ij} 是 j 学校的 i 学生的数学学业成就，β_{0j} 为 j 学校的平均得分，r_{ij} 是学生个体的随机误差，即 j 学校的 i 学生与学校平均得分的变异；γ_{00} 为样本总体的平均得分，μ_{0j} 是学校的随机误差，即 j 学校平均得分与总体平均得分的变异。

（二）模型 1（纳入父母教育背景）

在零模型的学生层纳入学生父母学历背景（Parents' Education Background，PEB）变量，以适当控制学生其他因素，特别是家庭因素对学生学业成绩的影响，模型方程为：

$y_{ij} = \beta_{0j} + \beta_{1j}(PEB) + r_{ij}$；

$\beta_{0j} = \gamma_{00} + \mu_{0j}$；

$\beta_{1j} = \gamma_{10}$。

（三）模型 2（纳入 MKT）

控制学生父母教育背景后，在模型 1 的基础上，将学校层纳入数学教师的 MKT 的四个维度的得分，以研究 MKT 对学生数学学业成就的影响，学生层方程和模型 1 一致，学校层方程为：

$\beta_{0j} = \gamma_{00} + \gamma_{01}(CCK) + \gamma_{02}(SCK) + \gamma_{03}(KCS) + \gamma_{04}(KCT) + \mu_{0j}$。

二、数据分析结果

表 7-12　教师的 MKT 对学生数学学业成就影响的多水平模型分析结果

	变量	零模型	模型 1	模型 2
对学生数学表现的影响	父母教育背景		(H)0.122***	(H)0.121***
			(S)0.141***	(S)0.140***
	一般内容知识			(H)0.001
				(S)0.471***
	特殊内容知识			(H)0.021
				(S)1.000***
	内容和学生知识			(H)0.477***
				(S)0.275***
	内容和教学知识			(H)0.892***
				(S)0.427***

续表

	变量	零模型	模型 1	模型 2
方差分析	第一层	(H)0.083*** (S)7 891.360***	(H)0.082*** (S)7 910.510***	(H)0.082*** (S)7 907.872***
	第二层	(H)0.018*** (S)5 272.549***	(H)0.014*** (S)2 373.626***	(H)0.013*** (S)2 178.409***

注：＊＊＊代表 $p<0.001$，H 代表高层次认知能力得分，S 代表数学学业成就测试得分。

第一步零模型实际是方差分析，通过计算组内相关系数（Intra-class Correlations，ICC）可以发现，以数学学业成就得分和高层次认知能力得分为因变量建立的两个模型的 ICC 分别为 23.9% 和 17.8%，说明模型存在一定程度的组间异质性，而学生的测试表现在学校层上存在较大的差异，因此有必要使用分层线性模型分析进行分析。

模型 1 的结果显示，父母教育背景因素无论是对数学学业成就还是对高层次认知能力得分都具有显著影响，且方差收缩较大，因此在模型中控制学生父母教育背景是十分必要的。模型 2 的结果显示，在控制了学生父母教育背景后，MKT 对学生的数学学业成就和高层次认知能力表现均有显著的积极影响。

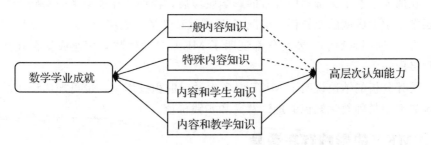

图 7-6　MKT 对学生数学学业成就和高层次认知能力表现的影响

第四节　讨论小结

一、教师专业化发展的重要性

在教师效应研究领域，教师的人口学因素是最传统且最方便获得的要素，如性别、教龄、学历等。如表 7-8 所示，教师性别因素和学校平均学生数学学业成就无显著关联（即使在学生个体层面有显著相关，其效应量也极低）。教师目前学历和学生数学学业成就的相关远高于教师入职时的学历。换言之，教师在入职后的专业发展和学习提升往往可能比其初始水平更加能够影响学生的数学学习。

此外，学校中的师范专业的教师比例也和学生数学学业成就存在显著相关，由此可见，教师的学科知识水平和教育实践能力同样重要。欧美国家已于20世纪80年代开始对教师专业化和专业发展的研究，并逐渐成为国际教育改革的共同趋势。在注重教师学科知识的同时，我们也要关注其教学技能和沟通表达，以及将学科知识融入教学的能力。国家数学教师资格证也从原本的教育学、心理学考试转向考查数学学科知识与教学能力。MKT 对学生数学学业成就显著的积极影响也再次证明了教师专业化发展的重要性。

二、MKT 对学生学习有积极影响

就 Z 省总体来说，MKT 对学生的数学学习有积极影响。从表 7-12 中模型 2 的分析结果可以看出，MKT 的四个维度的回归系数都为正，且在统计意义上显著(以学生的高层次认知能力得分为因变量时，教师的教学内容知识影响显著)，且标准化回归系数较大，说明具有较强的效应；从方差分析的结果来看，在加入了学生父母学历背景的影响效应后，模型 2 在模型 1 的基础上，学校层学生学业成就的变异仍然缩减了 7.1%(数学学业成绩)和 8.2%(高层次认知能力)，回归系数和方差变化都证明了 MKT 对学生数学学业成就存在显著的积极影响。

统计分析的结论说明了 MKT 对学生学习的积极作用，也更加印证了教师影响研究中教师教学知识的理论意义和实践价值。

三、MKT 的影响存在差异

MKT 对学生的数学学业测试表现的影响不同：对数学学业成就而言，教师的学科知识(一般内容知识、特殊内容知识)的影响更大，其中特殊内容知识的作用尤为突出($\beta = 1.000$，$p < 0.001$)；对学生的高层次认知能力而言，教师学科知识的影响在统计意义上并不显著，但 MKT(内容和学生知识、内容和教学知识)存在显著的积极影响，特别是内容和教学知识影响较大($\beta = 0.892$，$p < 0.001$)。

一方面，需要强调的是本书中关于"高层次认知能力"的特征描述，主要针对学生的问题解决能力，而并非针对后继课程知识，甚至是高等数学知识的考查，所以 MKT 并没有对学生的高层次认知能力产生直接的影响。

另一方面，MKT 在不同学段对学生数学学习的影响可能存在差异，因为不同学段教师的数学教学的特点和侧重点存在差异。例如，小学低年级数学教学并非侧重数学知识的传授，而更注重课堂管理、师生交流、引领启发、习惯培养等。在小学三年级的同类型研究中，教师的数学学科知识通过影响内容和学生知识从而间接影响学生的数学学业成绩。

四、教师自我效能感和工作投入对 MKT 的影响有调节作用

教师自我效能感、教师每天工作时间都对 MKT 的影响有显著的调节作用。如图 7-4 所示，本书对教师自我效能感的测查包括了教师的教育理念、工作认同和专注精神等多个方面。当教师的自我效能感处于中等以下水平时，教师的 MKT 和学生数学学业成就并无显著关联，当教师自我效能感较高时，随着教师自我效能感的提高，教师的 MKT 和学生数学学业成就的相关性也逐步增大。与之相应，教师每天工作时间很少时，MKT 和学生数学学业成就不存在显著的相关关系，当教师每天工作时间较长时，随着工作时间的增加，MKT 和学生数学学业成就的关联性也增强（详见图 7-5）。但需要强调的是，这里的"每天工作时间"刻画更多的是教师工作投入的专注程度，而非是工作量，因为如表 7-8 所示，教师每周的课时数和学生数学学业成就呈显著的负相关。这说明并非是教师的工作量越大越好，而是在学习者个体上投入的越多越好。这也说明教师在课外的投入对学生有积极影响。

这种调节作用也在一定程度上揭示了在有些实证研究中，教师教学知识和学生学业成就在数据上没有显著的直接关联或效应较弱的原因，可能是所调查的教师每天工作时间投入不够或自身自我效能感偏低。教师教学知识测试了教师学科知识、教学策略和师生交流的"储备值"，还需教师具有对教育工作的信念、热情以及投入，才可能将这些"储备值"作用于学生，成为"直接作用力"，从而影响学生的学业成就。虽然本书中教师自我效能感和 MKT 的主效应都显著，但其他同类研究在数据分析中发现教师教学知识和学生学业成就没有直接关联时，不妨尝试分析教师的其他特征，找到限制其 MKT 水平对学生学业成就促进效果的因素。

五、并非可以忽视数学学科知识

教师的数学学科知识五般内容知识和特殊内容知识对学生的高层次认知能力并无显著影响，但此结论绝非可以简单地理解为"数学教师的数学学科知识可好可坏，对学生高层次认知能力无关紧要"。

　　前期的国际比较研究已经发现，中国教师的数学"学科知识"普遍表现较好，特别是一般内容知识的表现尤为出色。受调查的 Z 省的教育质量及师资力量在我国均属前列，调查显示，该省初中数学教师的一般内容知识和特殊内容知识的均分分别为 0.68 和 0.61，标准差小于 0.04（MKT 测试结果采用标准分，均值为 0、标准差为 1），高于全国平均水平。数学学科知识对学生高层次认知能力的影响在统计意义上并不显著，可能是因为 Z 省教师的学科知识整体表现都较好，区分度较低，故没有表现出和学生的高层次认知能力之间的关联。其实从数学模型上并不难理解，当坐标系中的点在 x 轴方向上聚拢时，则很难进行拟合。

　　此外经过分析还发现，Z 省中"教学内容知识"排名前 $\frac{1}{4}$ 的教师中，有 78.3% 的教师的"学科知识"排名也在前 $\frac{1}{4}$，也就是说，"教学内容知识"表现优异的教师在"学科知识"方面也绝不逊色。从整体影响的路径来看，教学内容知识对学生的高层次认知能力有较大的积极影响，是以该省普遍较好的数学学科知识作为依托的；从教师个人来看，扎实的数学学科知识也是其教学内容知识的基础。

第八章　数学学业成就影响因素综合分析

第一节　复合效应分析

行文至此，各模块内影响因素对学生数学学业成就的影响以及影响因素对不同特质学生群体的影响差异已经基本厘清，有必要建立综合效益分析的模型，将 5 个影响因素模块都纳入其中，分析这些因素对学生数学学业成就的影响。

在第七章中已经从理论和实际数据分析结果两方面共同论证了教师影响因素无法解释学校内学生数学学业成就的变异，需要将其放在学校层面以解释学校间学生数学学业成就的差异。但第七章只解决了部分问题，因为一旦将所有影响因素和学生数学学业成就都放在学校层取均值，回归模型就可能无法兼顾学生个体因素的影响，如学生家庭环境、非智力因素等对学生在学校均分上的变异做出解释。所以，在综合分析所有因素对中学生数学学业成就的影响时，需要考虑到不同层次数据的嵌套结构，将学生个体影响因素放在学生层，教师影响因素放在学校层进行分析，故需要使用多水平模型。

此外，学生层影响因素的模块内部分因素存在高相关，直接全部纳入回归模型可能会造成多重共线性的问题，所以有必要对模块内因素进行合成，每个模块以一个变量的形式纳入最终的综合分析模型。

一、影响因素模块合成

使用主成分分析对中学生数学学业成就的学生层影响因素进行处理，对学生的家庭环境、学生非智力因素、学生课余学习和学校环境感受这 4 个模块内的因素（详见表 8-1）进行主成分分析，得到主成分因子的特征值、贡献率、累积贡献率及因子载荷。选取模块下因素在第一主成分上的因子载荷（由于模块内因素较强的一致性，预期特征值大于 1 的因子只有一个），合成代表模块的因素值，公式为

$$X = \beta_1 X_1 + \beta_2 X_2 + \beta_3 X_3 。$$

教师层的教师影响因素经过逐步回归，将筛选后的教师影响因素放在最终

分析模型的学校层。

表 8-1　学生数学学业成就影响因素列表

模块	具体因素
学生家庭环境	父母最高职业(X_1)
	父母最高学历(X_2)
	家庭资源(X_3)
学生非智力因素	自信心(X_1)
	内部动机(X_2)
	外部动机(X_3)
学生课余学习	家教及辅导班时间(X_1)
	校外作业时间(X_2)
	校内作业时间(X_3)
学校环境感受	同伴关系(X_1)
	师生关系(X_2)
	学校归属感(X_3)
教师影响因素	入职学历
	目前学历
	教师职称
	教师教龄
	每天工作时间
	MKT
	教师自我效能感

(一)学生家庭环境

对学生家庭环境模块下的父母最高职业、父母最高学历和家庭资源 3 个因素进行主成分分析,Kaiser-Meyer-Olkin(KMO)值为 0.685,大于 0.5。Bartlett 球形度检验的近似卡方值为 16 719.76,统计显著,适合进行主成分分析。仅选取特征值大于 1 的因子,从 3 个因素中提取 1 个因素,解释总变异量约为 68.6%。

最终代表学生家庭环境因素的表达式为 $0.847\,X_1 + 0.853\,X_2 + 0.783\,X_3$。

表 8-2 家庭环境主成分因子的贡献率、累积贡献率记忆因子载荷

因子	特征值	信息贡献率/%	累积贡献率/%	因素	第一主成分	第二主成分	第三主成分
1	2.059	68.628	68.628	X_1	0.847	−0.308	0.432
2	0.551	18.366	86.994	X_2	0.853	−0.264	−0.450
3	0.390	13.006	100	X_3	0.783	0.621	0.023

(二)学生非智力因素

对学生非智力因素模块下的自信心、内部动机和外部动机 3 个因素进行主成分分析，KMO 值为 0.507，Bartlett 球形度检验的近似卡方值为 9 225.31，且统计显著。仅选取特征值大于 1 的因子，从 3 个因素中提取 1 个因素，解释总变异量约为 52.3%。

最终代表学生非智力因素的表达式为 $0.866 X_1 + 0.875 X_2 + 0.235 X_3$。

表 8-3 非智力因素主成分因子的贡献率、累积贡献率记忆因子载荷

因子	特征值	信息贡献率/%	累积贡献率/%	因素	第一主成分	第二主成分	第三主成分
1	1.570	52.330	52.330	X_1	0.866	−0.170	0.471
2	0.981	32.698	85.028	X_2	0.875	−0.092	−0.476
3	0.449	14.972	100	X_3	0.235	0.971	0.037

(三)学生课余学习

对学生课余学习模块下的家教及辅导班时间、校外作业时间和校内作业时间 3 个因素进行主成分分析，KMO 值为 0.599，Bartlett 球形度检验的近似卡方值为 4 741.92，统计显著。仅选取特征值大于 1 的因子，从 3 个因素中提取 1 个因素，解释总变异量约为 50.7%。

最终代表学生课余学习因素的表达式为 $0.754 X_1 + 0.645 X_2 + 0.732 X_3$。

表 8-4 课余学习主成分因子的贡献率、累积贡献率记忆因子载荷

因子	特征值	信息贡献率/%	累积贡献率/%	因素	第一主成分	第二主成分	第三主成分
1	1.520	50.674	50.674	X_1	0.754	−0.247	−0.609
2	0.806	26.873	77.547	X_2	0.645	0.758	0.097
3	0.674	22.453	100	X_3	0.732	−0.414	0.542

(四)学校环境感受

对学校环境感受模块下的同伴关系、师生关系和学校归属感 3 个因素进行主成分分析，KMO 值为 0.641，Bartlett 球形度检验的近似卡方值为11 491.13，统计显著。仅选取特征值大于 1 的因子，从 3 个因素中提取 1 个因素，解释总变异量约为 60.1%。

最终代表学生的学校环境感受的表达式为 $0.735\ X_1 + 0.825\ X_2 + 0.764\ X_3$。

表 8-5　学校环境感受主成分因子的贡献率、累积贡献率记忆因子载荷

因子	特征值	信息贡献率/%	累积贡献率/%	因素	第一主成分	第二主成分	第三主成分
1	1.804	60.121	60.121	X_1	0.735	0.633	0.244
2	0.685	22.832	82.953	X_2	0.825	−0.075	−0.561
3	0.511	17.047	100	X_3	0.764	−0.528	0.371

二、多水平模型分析

在零模型的基础上，首先，在学生层放入学生基本控制变量：性别、家庭结构（独生子女和单亲家庭）、地域性质，作为模型 1。其次，再分别单独放入家庭环境、非智力因素、课余学习、学校环境感受这 4 个学生层影响因素，作为模型 2 至模型 5。因为课余学习因素考虑非线性关系，故加入二次项（课余学习^2）。分析各个模块单独的作用后，通过模型 6 考查学生层影响因素的共同作用，至此，这仍然是未引入教师层因素的。

学生层变量全部放入模型后，分别单独在学校层放入教师层三类变量，模型 7 考查学校整体的教师入职学历、目前学历、教龄、职称这些基本人口学变量的影响情况。模型 8 考查学校整体的教师工作时间这一工作投入因素的影响情况。模型 9 则考查学校整体的 MKT 和教师自我效能感这两个技能变量的作用大小。在此之后，将以纳入所有因素的模型 10 概括所有学校层变量和学生层变量的共同影响。

通过表 8-6，可以发现，在不纳入任何影响因素的零模型中，计算组内相关系数（ICC）以描述模型的组内同质性或组间异质性，零模型的 ICC 为 0.397，也就是说，学生数学学业成就存在较大的组内同质性，接近 40% 的学生数学学业成就的差异由学校（学生处于不同的学校）引起，所以在分析时不得不考虑数据的分层结构。

表8-6 中学生数学学业成就影响因素的多水平模型分析结果(零模型－模型5)

		零模型	模型1		模型2		模型3		模型4		模型5	
		回归系数	回归系数	标准化	回归系数	标准化	回归系数	标准化	回归系数	标准化	回归系数	标准化
基本控制变量	性别		5.69***	0.04***	4.22***	0.03***	1.55	0.01	−0.61	0.00	3.61***	0.02***
	单亲家庭		14.06***	0.05***	12.81***	0.04***	10.79***	0.04***	11.27***	0.04***	12.49***	0.04***
	独生子女		−5.68***	−0.04***	−2.91***	−0.02**	−4.40***	−0.03***	−4.33***	−0.03***	−5.33***	−0.04***
	是否城市		14.93**	0.08**	9.19*	0.05*	15.34**	0.08**	10.95*	0.06*	14.49**	0.08**
	是否乡镇农村		−35.38***	−0.24***	−28.20***	−0.19***	−33.22***	−0.22***	−28.04***	−0.19***	−35.01***	−0.23***
学生因素	家庭环境				12.04***	0.16***						
	非智力因素						21.29***	0.28***				
	课余学习²								−8.48***	−0.17***		
	课余学习								21.84***	0.29***		
	学校环境感受										11.69***	0.16***
学校因素	入职学历											
	目前学历											
	教龄											
	职称											
	工作时间											
	MKT											
	教师自我效能感											
学生层残差方差		5 213.237	5 140.193		4 917.976		4 725.184		4 812.115		5 020.059	
学校层残差方差		3 433.195	1 478.263		1 188.995		1 316.930		1 186.901		1 418.271	

注1:＊＊＊代表 $p<0.001$,＊＊代表 $p<0.01$,＊代表 $p<0.05$。

表 8-7 中学生数学学业成就影响因素的多水平模型分析结果(模型 6—模型 10)

		模型 9		模型 10		模型 6		模型 7		模型 8	
		回归系数	标准化	回归系数	标准化	回归系数	标准化	回归系数	标准化	回归系数	标准化
基本控制变量	性别	−3.13**	−0.02**	−3.05**	−0.02**	−3.06**	−0.02**	−3.04**	−0.02**	−3.02**	−0.02**
	单亲家庭	8.73***	0.03***	8.79***	0.03***	8.63***	0.03***	8.57***	0.03***	8.75***	0.03***
	独生子女	−2.37*	−0.02*	−2.66**	−0.02**	−2.85**	−0.02**	−2.80**	−0.02**	−2.72**	−0.02**
	是否城市	8.54*	0.05*	5.63	0.03	7.89*	0.04*	4.79	0.03	1.38	0.01
	是否乡镇农村	−23.44***	−0.16***	−13.80***	−0.09***	−20.30***	−0.14***	−19.06***	−0.13***	−10.98**	−0.08***
学生因素	家庭环境	6.71***	0.09***	6.67***	0.09***	6.72***	0.09***	6.61***	0.09***	6.59***	0.09***
	非智力因素	18.35***	0.25***	18.37***	0.25***	18.24***	0.25***	18.27***	0.25***	18.35***	0.25***
	课余学习²	−6.27***	−0.13***	−6.20***	−0.13***	−6.25***	−0.13***	−6.24***	−0.13***	−6.21***	−0.13***
	课余学习	15.49***	0.21***	15.36***	0.21***	15.48***	0.21***	15.47***	0.21***	15.35***	0.21***
	学校环境感受	0.16	0.00	0.03	0.00	0.17	0.00	0.05	0.00	0.03	0.00
学校因素	入职学历			15.65**	0.20**					14.84**	0.19**
	目前学历			30.99**	0.22**					28.76**	0.20**
	教龄			2.48	0.07					2.54	0.07
	职称			17.38***	0.29***					16.08***	0.27***
	工作时间					13.12***	0.29***			9.16***	0.19***
	MKT							6.89**	0.22**	5.55**	0.18**
	教师自我效能感							4.18	0.10	3.59*	0.09*
学生层残差方差		4 363.405		4 373.072		4 369.656		4 371.955		4 372.308	
学校层残差方差		973.313		760.011		873.621		803.223		672.731	

注 1：＊＊＊代表 $p < 0.001$，＊＊代表 $p < 0.01$，＊代表 $p < 0.05$。

　　模型 1 的回归系数表明，女生、独生子女、非单亲家庭和城市、县城学生在数学学业表现上占有优势，但本书仅以此作为基本控制变量，不做展开讨论。在模型 1 的基础上，模型 2 至模型 5 分别单独放入家庭环境、非智力因素、课余学习和学校环境感受 4 个学生层影响因素。

在模型 2 中加入学生的家庭环境因素，学生层方差进一步缩减为4 917.976（近 4.3%），学校层方差则出现了更大幅度的缩减，从模型 1 的1 478.263 缩减为 1 188.995（近 19.6%）。这说明学生的家庭环境不但影响了学生个体的数学学业成就，同时也会影响其择校，又因为学校内部存在家庭因素的群体一致性，因而对学校的平均数学学业成就的变异也具有较高的解释率。

模型 3 纳入非智力因素后，在模型 1 的基础上学生层方差缩减最大（约8.1%）。这说明在这 4 个学生层的影响因素中，非智力因素对学生个体的数学学业成就影响最大。具体来说，学生的非智力因素每提高一个单位，学生数学学业成就就上升 21.3 分（$\beta=0.282$，$p<0.001$）。

在模型 4 中，学生课余学习因素的回归系数为 $-8.48<0$，是一条开口向下的曲线，符合第五章中"倒 U 型"规律的描述。此外还可以发现，模型 2 和模型 4 的学校层方差在模型 1 的基础上都缩减了近 20%，说明家庭环境和学生课余学习对学校层学生的平均数学学业成就也同样具有较强的解释力，家庭环境因素自不必说，此结果表明课余学习也具有一定的群体规律。

模型 5 纳入学校环境感受因素后，学生层的方差缩减为 2.3%，这说明学校环境感受对学生的数学学业成就存在积极影响（$\beta=0.155$，$p<0.001$），但效应偏弱。可以发现，学校内的群体效应主要出现在家庭环境因素和课余学习因素两方面，而学生的非智力因素和学校环境感受因素则没有这种学校内部的一致性。

在模型 6 中同时纳入 4 个学生层影响因素，可以发现组内差异（学生层）和组间差异（学校层）均出现较大缩减。用 Raudenbush & Bryk 方法估计学生层的解释方差为：

$$学生层可解释性变异\% = 1 - \frac{\hat{\sigma}^2（设定模型）}{\hat{\sigma}^2（零模型）} = 1 - \frac{4\ 363.405}{5\ 213.237} = 16.3\%。$$

在此之前，学生基本控制变量在学生层的解释方差为 1.4%。也就是说，控制学生的性别、家庭结构、地域性质后，约有 15% 的学生数学学业成就的变异可以由学生层的影响因素共同解释[①]。

从模型 7 开始加入学校层的教师影响因素，先将教师人口学变量纳入模

---

① 注：在解释学生数学学业成就的变异时，各影响因素能解释的部分之间有重叠，所以"共同解释"并非是"影响因素汇总"中各因素解释率的和。

型。其中，教师职称（$\gamma = 0.291$，$p < 0.001$）的标准化回归系数最大，分析显示，教师职称每上升一个水平（1：未评职称，2：二级教师，3：一级教师，4：高级教师），学校平均数学学业成就就可以增加 17.4 分。教师的入职学历（$\gamma = 0.200$，$p = 0.001$）和目前学历（$\gamma = 0.220$，$p = 0.002$）的标准化回归系数接近，但教师目前学历的影响更大一些。具体来说，教师目前学历每提升一个水平（1：高中、中师、非师范中专，2：师范大专、非师范大专，3：师范本科、非师范本科，4：硕士研究生），学校平均数学学业成就就可增加 30.99 分，而教师入职学历每提升一个水平，学校平均数学学业成就增加 15.65 分。所以，教师入职后的专业发展、学历提升，往往比入职时的状态对学校整体的数学学业表现影响更大。此外，在同时纳入教师学历和职称时，教师教龄因素（$\gamma = 0.065$，$p = 0.474$）不再显著，因为教师教龄和职称、学历之间存在较大的相关关系，所以教师学历和职称在模型中带走了大部分可解释的信息。

模型 8 纳入教师每天工作时间，学校层方差在模型 6 的基础上进一步缩减 10.2%，教师每天工作时间每提升一个单位（1：5～7 小时，2：8～9 小时，3：10～11 小时，4：12～13 小时，5：14 小时以上），学校平均数学学业成就就可以增长 13.1 分。

模型 9 是纳入 MKT 和教师自我效能感后的模型，在模型 6 的基础上，学校层方差进一步缩减 17.5%。MKT 每提升一个单位（一个标准差），学校平均数学学业成就可以增长约 6.9 分。

模型 10 为放入所有教师影响因素后的完整模型。同样地，用 Raudenbush & Bryk 方法估计学校层的解释方差为：

$$学校层可解释性变异\% = 1 - \frac{\hat{\sigma}_{u0}^2（设定模型）}{\hat{\sigma}_{u0}^2（零模型）} = 1 - \frac{672.731}{3\,433.195} = 80.4\%。$$

也就是说，大约 80% 的学校平均数学学业成就的变异均可由该模型解释，完整模型在零模型的基础上成功将学校层残差方差缩小到仅有 672.731，这说明全模型对学校平均数学学业成就具有很强的解释力。

但同时应注意到，学生基本控制变量和学生层的影响因素均对组间变异有所影响，所以教师影响因素对学校平均数学学业成就的影响应该扣除模型 6 中学校层的解释方差。计算可知，仅剩下 8.8% 的学校平均数学学业成就的变异是由教师影响因素独立解释的。这样看来，教师影响因素对学生数学学业成就的独立影响就比较低了，或者说，没有原本看起来那么高。

第二节　讨论小结

1. 基本控制变量对学校数学学业成就具有较强的解释力

在模型1中加入学生的基本控制变量后，可以发现，纳入学生性别、独生子女、单亲家庭、地域性质后，不但学生层方差从 5 213.237 下降到 5 140.193，同时学校层方差也出现了近57%的大幅缩减。这说明学生的基本控制变量不仅可以解释学生个体水平的数学学业成就差异，也对学校水平的数学学业成就差异具有较强的解释力。这是因为基本控制变量中的地域性质（在模型中为"是否城市"和"是否乡镇农村"两个哑变量）也涵盖学校地域性质的信息，对学校层的组间变异有较大影响。这也说明了学校的平均数学学业成就具有较大的地域差别，同时也印证了在本书中即控制学生基本变量的必要性。

事实上，在某些英文文献中，家庭结构和社区资源也包含在家庭环境甚至是家庭社会经济地位的范畴中。而我国的地域差异实际上起到了社区资源的作用，在很大程度上决定了学生能够接受的学校教育资源、课余学习资源及社会福利政策支持。所以，在本书中如果将学生的基本控制变量也纳入学生家庭环境一同考量，则该模块的影响将更大。

2. 学生个体层面中非智力因素的解释力最强

在非智力因素、课余学习和学校环境感受中，学生的非智力因素（模块合成时未加入学历期望）对其数学学业成就的影响最大。通过比较可以发现，学生的家庭环境和课余学习在学校层也具有一定的解释率，而学生的非智力因素在学校层带来的方差缩减较小，在学生层解释率更大。由此可见，学生的非智力因素能够较好地解释学生个体之间的数学学习效果的差异，从而更加直接地作用于学生个体。该结论和 Wang 等人及 Hattie 的元分析中的结果基本一致，Wang 等人发现学生的动机和情感因素对学业成就的影响大于校园文化。在 Hattie 的学生影响因素分析中，除了人格及对数学的态度之外的学生的态度和特质（如自我概念、动机、毅力）均属于"期待效应"（$d > 0.4$）。

当在模型1中只加入学校环境感受因素时，学生层和学校层的方差缩减都较小，而当家庭环境、非智力因素和课余学习也一同被纳入模型时，学校环境感受的效应不显著。这说明学校环境感受对学生数学学业成就的个体差异解释力较低，同时其能够解释的部分和其他学生因素存在较大重叠。

3. 教师专业发展对学生数学学业成就的影响

分析结果显示，教师职称对学生数学学业成就的影响最大。相比教师的入职学历，其目前学历每提升一个水平，将带来学生数学学业成就的更大提高。由此可见，虽然教师入职时的状态对学生数学学业成就存在一定影响，但教师入职后的自我提升和能力发展往往更加重要。而在第七章中发现的 MKT 对学生数学学业成就具有显著的积极影响，在多水平模型中它也再次被验证，它在学校层具有较强的解释力。可以预见，在教师专业发展的关键环节，如教师培训中，MKT 测试也将起到很好的诊断和检测作用。培训前，MKT 测试可以短时且客观地诊断数学教师在学科知识、教学能力和理解学生等方面的表现，使教师培养工作更具有针对性和计划性；一段时间的培训后，MKT 测试可以具体测量教师在哪些方面取得了发展、进步了多少，实现了教师专业培训的可控化和可视化。

而与前人结果不太一致的变量是教龄因素，当教师学历、教龄和职称同时纳入模型时，教师教龄因素不显著。不过不用对此结果过分深究，因为教师教龄和教师职称之间存在一定的关联，职称高的教师往往教龄也较长，教龄和职称同为教师的个人属性，在实际选择师资时也不可能将其割裂考量。

第九章　研究结论

第一节　影响因素汇总

总结第三章至第七章中相关分析的结果和回归分析中各影响因素对初中生数学学业成就变异解释率的结果，得到图 9-1。

前文各章节均只考虑单个模块本身，即独立考查模块内的影响因素对学生数学学业成就影响的效应大小，并未考虑模块间的叠加效应。总结来看，学生家庭环境因素可以解释学生数学学业成就变异的 12.1%，学生非智力因素（不包括学历期望）可以解释 11.2%，学生非智力因素（包括学历期望）可以解释 33.1%，学生课余学习可以解释 13.6%，学校环境感受可以解释 3.7%。

由于学生基本变量和每个模块的解释率都有一定的重叠性，因此有必要了解在控制学生基本变量（性别、是否独生子女、是否单亲家庭、地域性质）的基础上各模块的独立解释率和控制后模块内部各因素的相对重要性。

学生家庭环境因素可以独立解释学生数学学业成就变异的 5.8%，其中父母学历（$r=0.297$）和家庭资源（$r=0.297$）对学生数学学业成就的促进作用基本相当，且大于父母职业（$r=0.259$）的作用。

学生非智力因素可以独立解释 9.4%（不包括学历期望），其中自信心作用最大（$r=0.326$），内部动机次之（$r=0.218$），外部动机作用较弱（$r=0.074$）。

学生课余学习可以独立解释 8.9%，校内作业（$r=0.241$）的作用大于家教及辅导班（$r=0.216$），校外作业的作用微弱（$r=0.081$）。

学校环境感受可以独立解释 2.7%，其中师生关系作用相对较大（$r=0.170$），同伴关系（$r=0.126$）和学校归属感（$r=0.143$）的作用较小。

在学生层，学生的家庭环境、非智力因素（不包括学历期望）和课余学习对数学学业成就变异的解释率都超过 10%。学生家庭环境因素和地域性质因素对学生数学学业成就变异可解释的部分重叠较多，因此在控制学生基本变量后，家庭环境因素的独立解释率下降为 5.8%。学生非智力因素和课余学习对其数学学业成就的影响较大，独立解释率均为 9% 左右。学校环境感受因素的影响效应较弱。

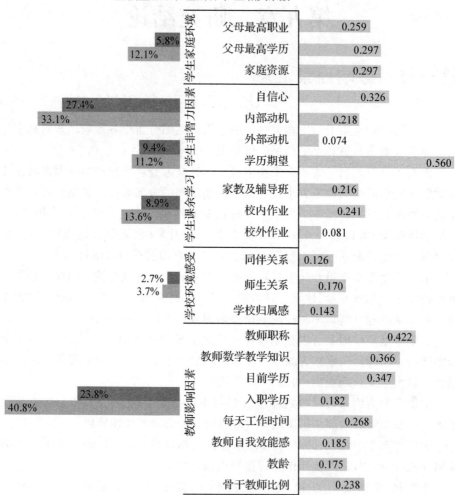

图 9-1　各因素对学生数学学业成就的影响[①]

①　注1："解释率"表示：以模块内的影响因素为自变量，学生数学学业成就为应变量的回归分析中的解释率；"独立解释率"表示：控制学生的基本控制变量（性别、家庭结构、地域性质）后，层次回归模型中模型内影响因素造成的 R^2 变化。

注2："学生非智力因素"下有两个解释率，第一个包含"学历期望"因素，第二个不包含"学历期望"因素。

注3："学生课余学习"是加了二次项之后的回归分析结果。

注4："教师影响因素"是在学校层上进行的回归分析，其"独立解释率"控制了学校的地域性质。

在学校层，教师影响因素可以解释学校平均数学学业成就变异的 40.8%，控制学校地域性质时，教师影响因素可以独立解释 23.8% 的学校均分差异。其中，教师职称（$r=0.422$）、教师目前学历（$r=0.347$）和 MKT（$r=0.366$）对学生数学学业成就的影响作用强于其他教师影响因素。

通过进一步分析还发现，除了传统教师效应研究中的教师人口学因素、工作投入之外，MKT 对学生的数学学业成就也具有较大的影响，解释率可达 12.9%，大于教师自我效能感的影响，且不能被教师的人口学因素和工作投入等变量所解释，即具有独立的影响效应。因此，在数学教师效应的研究中，特别是大规模的量化研究中，MKT 是一个具有较强独立解释率的教师影响因素，应给予足够重视。

第二节　研究总结

将模块内部的独立分析结果和多水平模型的复合效应分析结果相结合，可以发现，学生基本控制变量对学生数学学业成就的影响不可忽视，有必要在数据分析时加以控制，特别是地域性质对学校平均数学学业成就具有较大的解释力。学生家庭环境、学生非智力因素、学生课余学习、学校环境感受和教师影响因素都对学生数学学业成就有影响。具体来说，学生家庭环境因素是基础性影响，学生非智力因素影响最大，学校环境感受影响较小，学生课余学习和学生数学学业成就呈倒 U 型关系。同时考查 4 个学生影响因素时，学生的学校环境感受影响不显著。教师的人口学因素、工作投入、数学教学知识和自我效能感都对学生数学学业成就有积极影响。

一、家庭环境：学生数学学业成就发展的基础

在家庭环境模块中，本书具体考查了父母职业、父母学历、家庭资源三大因素，可以发现家庭资源和父母学历的影响较大，父母职业次之，这说明中国家长对学生的学习促进主要是由父母自身的受教育情况和给学生提供的生活资源带来的，相对而言，职业的差异并不是最具影响力的因素。也就是说，家长对自身学习和自我提升的积极态度，对帮助学生提高学业水平的积极性，是促进学生自我提升的重要推动力，即使家长从事社会经济指数较低的职业，他们自我提升的态度和为学生优质的生活环境也可以给学生打下学业成就发展的良好基础。当然，三大因素的积极作用并不是一致的，不同性别和地域的学生受到家庭环境的影响存在差异，男生的数学学习表现更容易受到父母职业和父母

学历的影响，特别是乡镇农村的男生最容易受到家庭环境影响。尤其需要注意的是高学历（研究生）家长对其乡镇农村的男生数学学业成就具有异常的负向影响。

再结合多水平模型的结果可以发现，学生家庭环境因素不仅对学生个体数学学业成就存在显著的正向影响，还对学校平均数学学业成就也同样具有解释力。家庭环境因素也是家庭社会资源的表达，同样影响着学生的择校及与之对应的师资力量、课外辅导资源、人际关系等，所以学生的家庭环境因素对其数学学业成就具有不可忽视的基础性影响，这种影响既具有个体特殊性，也具有一定的群体效应。

二、非智力因素：学生数学学业成就发展的助力

无论是单独考查各模块，还是在多水平模型中进行综合分析，学生的非智力因素在学生个体因素中对学生数学学业成就的影响都是最大的。而在学生非智力因素内部，自信心对学生数学学业成就的影响最大，内部动机的影响大于外部动机。这对于教育实施者而言也有一定的警示作用。一方面，应当充分重视学生自身的作用，提高学生包括自信心在内的各种非智力因素；另一方面，应该意识到这种影响无论是在全体样本中（非多水平模型）还是在嵌套结构中都是最强的积极因素。这说明非智力因素的影响是不会限制在学校内部的，它既可以帮助学生在学校内部提高学业水平，也可以帮助学生在更大范围内、更大平台上获得提升。更重要的是，教育者应理性看待外部动机对学生的作用，不能给学生过多压力。

外部动机和内部动机的交互作用可以提供一些参考，研究发现，随着学生内部动机水平的提高，外部动机和其数学学业成就的关联逐渐变弱，甚至出现负相关。也就是说，当学生内部动机较弱时，外部动机才会对其数学学业成就产生积极影响，而当学生内部动机较强时，外部动机反而会产生消极影响。这对教育者针对不同特点的学生进行不同方式的"推动"有指导作用。

三、课余学习：适度学习有利于数学学业成就发展

课余学习时间和学生数学学业成就之间并非是简单的一次函数关系，而是呈倒 U 型曲线。适当的课余学习有助于学生数学学业成就的提高，但一旦超过限度，学生的数学学业成就将不再增长，甚至出现下滑。这种物极必反、过犹不及的情况揭示了学生课业负担的潜在危机，与其为了学业成就的提升一味增加学习时间，还不如鼓励学生进行适当的阅读和体育锻炼，这将有助于学生

数学学业成就的提升。

　　尤其需要注意的是，在家教及辅导班、校内作业、校外作业三种形式的课余学习中，单位时间内校内作业带来的数学学业成就提升最多，即其"投入—产出比"最高。这充分体现了学校教育的重要作用，一味增加学生家教及辅导班行为的家长值得重新审视自己的行为，应该重视学校教育的作用，相信学校教育的权威性、针对性、有效性。

四、学校环境感受：小幅促进数学学业成就发展

　　学生的学校环境感受中的同伴关系、师生关系、学校归属感都对其数学学业成就有显著的积极影响，但效应较弱。特别是在多水平模型中，同时考查学生层四个影响因素模块时，学生的学校环境感受对其数学学业成就的影响微弱。当然，这并非说明学生在学校时的感受对其学业成就影响微不足道，只能说在本书的样本中，多数学生的学校环境感受都处于比较好的水平，如果存在恶劣的同伴关系、师生关系和学校归属感，势必对学生的方方面面存在严重的消极影响。近年来，校园霸凌、教师体罚等事件层出不穷，虽然在全社会范围内属于偶发现象，但教育者仍应当引起重视。

　　此外研究还发现地域和性别对学校环境感受的影响有调节作用。乡镇农村的学生更容易受到同伴关系和师生关系的影响，学校归属感对男生的数学学业成就影响更大。结合前文家庭环境的分析，可知男生在数学学习时对外部条件更加敏感。

五、教师能做什么

　　教师因素对学生数学学业成就有显著的积极影响。传统教师效应影响研究中的教师学历、教师职称、教师教龄等因素在本书中也得到验证，此外，用以刻画教师数学学科知识、师生交流和教学策略的 MKT 也同样对数学学业成就具有独立的解释力。此外分析结果还显示，自我效能感强、工作投入高的教师，其数学教学知识越好，对学生的数学学业成就影响越大。

　　在仅控制地域因素时，教师影响因素对学校平均数学学业成就变异的解释率可达 23.8%，但在纳入学生层影响因素后的多水平模型中，仅有 8.8% 的学校平均数学学业成就变异可由教师影响因素解释。考虑到教师的人口学因素（学历、教龄等）还会带走一部分解释率，而这部分因素是教师提供的静态的人力资源优势，那么，教师真正能够在学校教学中对学生产生的影响就更少了。

　　当然，本书的目的绝非是展示这样一个悲观的结论。

首先，学生层的影响因素也会受到教师的影响。如学生的自信心、学习动机会受到教师潜移默化的影响，情感、态度与价值观也是数学教学三维目标的要求和体现。还有课余学习中对学生数学学业成就影响最大的校内作业，学生学校环境感受中的师生关系，更是与教师息息相关。优秀的教师还能够帮助学生发挥自身优势、克服自身不足，有研究表明，优秀教师的教学能够放大基因给学生带来的先天优势。

其次，学生的地域性质和家庭环境影响了学生择校，而不同学校间的师资水平也存在差异，所以地域性质和家庭环境能够代替教师影响因素解释学校平均数学学业成就的差异。也就是说，教师在起作用之前，已经被"调控"了。当然，学校教育对学生数学学业成就的影响可以被学生家庭因素解释，并不意味着教师影响因素不重要，因为学生择校时也是以学校的教育水平为基本出发点的。

最后，本书通过学生的自身因素可以预测其数学学业表现，使学校和教师可以借此明确自己的使命和责任，或许也能启发学校和教师绩效评价的新思路。学生的平均成绩高并非都是学校或教师的功劳，只有让每一个学生都在其原有水平上得到发展，甚至发挥潜能有所突破，才是学校教育的成功。本书中学生家庭环境和非智力因素的研究大致刻画了学生在接受学校教育前通过其自身因素所能够预测的数学学业成就，课余学习和学校环境感受则描述了学校教育对其数学学业成就的影响，所以本书的第三章至第六章正是为每个学生划定了一条基准线，预测了其接受教师影响之前所具有的原始水平和可能在学校中能够发展的水平。此外，家长也应认识到学校教育和教师影响的局限性，重视家庭早期对儿童的教育和关注，积极参与子女的学习活动。

参考文献

[1]曹一鸣,郭衎.中美教师数学教学知识比较研究[J].比较教育研究,2015(2).

[2]曹一鸣,贺晨.初中数学课堂师生互动行为主体类型研究——基于 LPS 项目课堂录像资料[J].数学教育学报,2009(5).

[3]曹一鸣,李俊扬,秦华.我国数学课堂教学评价研究综述[J].数学通报,2011(8).

[4]曹一鸣,刘晓婷,郭衎.数学学科能力及其表现研究[J].教育学报,2016(4).

[5]车晓丹.哈里斯·库珀家庭作业思想研究[D].沈阳:沈阳师范大学,2014.

[6]陈传锋,陈文辉,董国军,等.中学生课业负担过重:程度、原因与对策——基于全国中学生学习状况与课业负担的调查[J].中国教育学刊,2011(7).

[7]陈丹,俞可.TIMSS2011 东亚国家(地区)成绩亮眼[J].上海教育,2013(2).

[8]陈仙梅.学生智能发展性别差异的初步分析[J].心理科学通迅,1983(1).

[9]成子娟,侯杰泰,钟财文.小学生的智力因素、非智力因素与学业成绩[J].心理科学,1997(6).

[10]成子娟.中小学生几项非智力因素与学业成绩的关系[J].应用心理学,1990(4).

[11]丁延庆,薛海平.高中教育的一个生产函数研究[J].华中师范大学学报(人文社会科学版),2009(2).

[12]范叙保,汤炳兴,田中.数学能力成分的性别差异测试分析[J].数学教育学报,1999(4).

[13]甘诺,白晓东.中学生学习策略发展水平性别差异的比较研究[J].上海教育科研,2004(10).

[14]甘诺,陈辉.中学生学习策略、学习动机与学业成就的相关研究[J].上海教育科研,2006(7).

[15]顾明远.又该呐喊"救救孩子"了[J].中国教育学刊,2005(9).

[16]郭衎,曹鹏,杨凡,等.基于课程标准的数学学科能力评价研究——以某学区七年级测试工具开发及实施为例[J].数学教育学报,2015(2).

[17]郭衎,曹一鸣.教师数学教学知识对初中生数学学业成就的影响[J].教育研究与实验,2017(6):36-40.

[18]郭衍，曹一鸣，王立东．教师信息技术使用对学生数学学业成绩的影响——基于三个学区初中教师的跟踪研究[J]．教育研究，2015(1).

[19]韩小燕．初中生同伴关系与学业适应的关系：交叉滞后分析[D]．济南：山东师范大学，2015.

[20]侯杰泰．中国学生学习并非兴趣驱动：PISA 的启示．第十五届全国心理学学术会议论文集[C]，2012.

[21]胡惠闵，王小平．国内学界对课业负担概念的理解：基于 500 篇代表性文献的文本分析[J]．教育发展研究，2013(6).

[22]黄慧华．大学生学校归属感、自我价值感和人际关系现状及其关系研究[D]．武汉：华中师范大学，2014.

[23]惠中，韩苏曼．论我国中小学教师队伍建设中的性别结构失衡问题[J]．全球教育展望，2011(10).

[24]康玥媛，曹一鸣．中英美小学和初中数学课程标准中内容分布的比较研究[J]．课程·教材·教法，2013(4).

[25]李洪玉，阴国恩．中小学生学业成就与非智力因素的相关研究[J]．心理科学，1997(5).

[26]李琼，倪玉菁．教师变量对小学生数学学习成绩影响的多水平分析[J]．教师教育研究，2006(3).

[27]李善良．论数学学习中自信心的形成[J]．数学教育学报，2000(3).

[28]李善良，沈呈民．新一代公民数学素养的研究[J]．数学教育学报，1993(2).

[29]林崇德，申继亮，辛涛．非智力因素与学生能力的发展——从非智力因素入手培养学生的智力与能力[J]．应用心理学，1994(3).

[30]刘加霞，辛涛，黄高庆，等．中学生学习动机、学习策略与学业成绩的关系研究[J]．教育理论与实践，2000(9).

[31]刘坚，张丹，綦春霞，等．大陆地区义务教育数学学业状况及影响因素研究[J]．全球教育展望，2014(12).

[32]刘晓婷，郭衍，曹一鸣．教师数学教学知识对小学生数学学业成绩的影响[J]．教师教育研究，2016(4).

[33]路红，黄国君．广州市中学生社会支持与学校归属感的关系分析[J]．中国健康心理学杂志，2012(10).

[34]马郑豫．中小学生学习能力、学习环境与学业成就的关系研究——基于13477 名中小学生的调查分析[J]．中国教育学刊，2015(8).

[35]孟宪云，罗生全．改革开放以来学业负担政策文本的定量分析[J]．上海教

育科研，2014(5).

[36]裴菁菁．中学生学校归属感、人格特质与学业成绩的关系研究[D]．西安：陕西师范大学，2011.

[37]任友群，杨向东，王美，等．我国五城市初中生学业成就及其影响因素的研究[J]．教育研究，2012(11).

[38]邵珍红，曹一鸣．数学教学知识测试工具简介及其相关应用[J]．数学教育学报，2014(2).

[39]孙小玉．中学生家庭亲密度、学校归属感与学业效能感的关系研究[D]．成都：四川师范大学，2014.

[40]孙中欣．学业失败问题的家庭社会经济地位研究[J]．清华大学教育研究，1999(1).

[41]唐科莉．亚洲国家(地区)教育成绩在全球名列前茅——OECD发布PISA2012测评结果报告[J]．基础教育参考，2014(1).

[42]童莉．初中数学教师数学教学知识的发展研究——基于数学知识向数学教学知识的转化[D]．重庆：西南大学，2008.

[43]王长纯．教师专业化发展：对教师的重新发现[J]．教育研究，2001(11).

[44]王光明．重视数学教学效率 提高数学教学质量——"数学教学效率论"课题简介[J]．数学教育学报，2005(3).

[45]王佳宁，于璐，熊韦锐，等．初中生亲子、同伴、师生关系对学业的影响[J]．心理科学，2009(6).

[46]王立东，曹一鸣．教师对学生数学学业成就的影响研究述评[J]．数学教育学报，2014(3).

[47]王美芳，陈会昌．青少年的学业成绩、亲社会行为与同伴接纳、拒斥的关系[J]．心理科学，2003(6).

[48]王振宇，刘萍．动机因素、学习策略、智力水平对学生学业成就的影响[J]．心理学报，2000(1).

[49]魏红，刘咏梅，温芳勇．高二学生数学焦虑与数学成绩的相关性[J]．数学教育学报，2012(6).

[50]吴福元，王养华，周家骥．大学生智力和非智力因素与学习成绩关系的研究[A]．全国第六届心理学学术会议文摘选集，1987.

[51]吴立宝，曹一鸣．初中数学课程内容分布的国际比较研究[J]．教育学报，2013(2).

[52]燕国材．非智力因素与学习[M]．上海：上海教育出版社，2006.

［53］叶子，庞丽娟．师生互动的本质与特征［J］．教育研究，2001(4)．

［54］于璐．中学生亲子沟通、同伴关系、师生关系对学业成绩的影响［D］．长春：东北师范大学，2008．

［55］张宝歌，姜涛．初中生师生关系对学业成绩的影响研究［J］．心理科学，2009(4)．

［56］张晓东．中小学生学业负担过重的原因及对策［J］．教育理论与实践，2013(26)．

［57］张晓兰．初中生学校归属感、自我效能感与学业成绩的关系研究［D］．西安：陕西师范大学，2012．

［58］张羽，陈东，刘娟娟．小学课外补习对初中学业成绩的影响——基于北京市某初中九年追踪数据的实证研究［J］．教育发展研究，2015(Z2)．

［59］赵红霞．影响初中生学业成绩差异的机制研究——回归分析模型的探讨［D］．上海：华东师范大学，2011．

［60］郑昊敏，温忠麟，吴艳．心理学常用效应量的选用与分析［J］．心理科学进展，2011(12)．

［61］中国农工民主党上海市委员会课题组．中小学生过重学业负担的综合分析与研究［J］．教育发展研究，2006(2)．

［62］朱德全，杨鸿．论教学知识［J］．教育研究，2009(10)．

［63］朱巨荣．中学生学习压力、学习动机、学习自信心与学业成就的关系研究［D］．武汉：华中师范大学，2014．

［64］朱小虎．PISA2012学习者个体特征 学生的态度、驱动力和动机因素［J］．上海教育，2013(35)．

［65］Ajzen I. Attitudes, personality, and behavior［M］. London：McGraw-Hill Education，2005.

［66］Akar Vural R, Yilmaz Ozelci S, Cengel M, et al. The Development of the"Sense of Belonging to School" Scale［J］. Egitim Arastirma-Eurasian Journal of Educationl Research 2013(53).

［67］Alexander W P. Intelligence, concrete and abstract：A study in differential traits［J］. Cambridge University Press，1935.

［68］Anderson C S. The search for school climate：A review of the research［J］. Review of educational research，1982(3).

［69］Anderson R N, Greene M L, Loewen P S. Relationships among teachers' and students' thinking skills, sense of efficacy, and student achievement［J］. Alberta Journal of Educational Research，1988.

［70］Andrews J W. preservice performance and the national teacher exams ［J］. Phi Delta Kappan，1980(5).

［71］Armor D. Analysis of the school preferred reading program in selected Los Angeles minority schools［Z］. Rand Sunta Monica. CA，1976.

［72］Asher S R，Hymel S，Renshaw P D. Loneliness in children［J］. Child development，1984.

［73］Ball D L，Hill H C，Bass H. Knowing mathematics for teaching：Who knows mathematics well enough to teach third grade，and how can we decide? ［J］. American Educator，2005(1).

［74］Ball D L，Lubienski S T，Mewborn D S. Research on teaching mathematics：The unsolved problem of teachers' mathematical knowledge［J］. Handbook of research on teaching，2001.

［75］Bembenutty H. The last word：An interview with harris cooper-research，policies，tips，and current perspectives on homework［J］. Journal of Advanced Academics，2011(2).

［76］Berman P. Federal programs supporting educational change，Vol. VII：Factors affecting implementation and continuation ［ J ］ . Rand Corporation，1977.

［77］Bollen K A，Glanville J L，Stecklov G. Socioeconomic status and class in studies of fertility and health in developing countries［J］. Annual review of sociology，2001.

［78］Borich G D. Effective teaching methods［M］. Pearson Education India，1988.

［79］Bornstein M H，Bradley R H. Socioeconomic status，parenting，and child development［M］. New York：Routledge，2014.

［80］Bray M. The challenge of shadow education：Private tutoring and its implications for policy makers in the European Union：An independent report prepared for the european commission by the NESSE networks of experts［M］. EUR-OP，2011.

［81］Bray M. The shadow education system：private tutoring and its implications for planners［M］. UNESCO：International Institute for Educational Planning，1999.

［82］Brooks-Gunn J，Duncan G J. The effects of poverty on children［J］. The future of children，1997.

[83]Brophy J，Good T L. Teacher behavior and student achievement [J]. Occasional Paper，1984.

[84]Byun S. Shadow education and academic success in Republic of Korea [M]//Springer，2014.

[85]Campbell R J，Kyriakides L，Muijs R D，et al. Differential teacher effectiveness：Towards a model for research and teacher appraisal[J]. Oxford Review of Education，2003(3).

[86]Casto G，Lewis A C. Parent involvement in infant and preschool programs [J]. Journal of Division for Early Childhood，1984(1).

[87]Chapin F S. A quantitative scale for rating the home and social environment of middle class families in an urban community：a first approximation to the measurement of socio-economic status[J]. Journal of Educational Psychology，1928(2).

[88]Cheema J R，Galluzzo G. Analyzing the gender gap in math achievement：Evidence from a large-scale US sample[J]. Research in Education，2013.

[89]Chen X，Lei C，He Y. The peer group as a context：Mediating and moderating effects on relations between academic achievement and social functioning in chinese children[J]. Child Development，2003(3).

[90]Cohen J，Mccabe L，Michelli N M，et al. School climate：Research, policy，practice，and teacher education[J]. Teachers College Record，2009(1).

[91]Coleman J S. Social capital in the creation of human capital[J]. American journal of sociology，1988.

[92]Cool V A，Keith T Z. Testing a model of school learning：Direct and indirect effects on academic achievement [J]. Contemporary Educational Psychology，1991(1).

[93]Cooper H M. Homework[M]. London：Longman，1989.

[94]Cooper H M. The battle over homework：Common ground for administrators，teachers，and parents. Third Edition[M]. Corwin Press，A SAGE Publications Company，2006.

[95]Cooper H，Robinson J C，Patall E A. Does homework improve academic achievement? A synthesis of research，1987 - 2003[J]. Review of educational research，2006(1).

［96］Costa P T，McCrae R R，Martin T A. Incipient adult personality： The NEO-PI-3 in middle-school-aged children［J］. British Journal of Developmental Psychology，2008(1).

［97］Crane J. Effects of home environment，SES，and maternal test scores on mathematics achievement［J］. The Journal of Educational Research，1996(5).

［98］Croft D B，Halpin A W. The organizational climate of schools［J］. Behavioral Science Research，1962.

［99］Dandy J，Nettelbeck T. The relationship between IQ，homework，aspirations and academic achievement for Chinese，Vietnamese and Anglo-Celtic Australian school children［J］. Educational Psychology，2002(3).

［100］Darling-Hammond L. Constructing 21st-century teacher education［J］. Journal of Teacher Education，2006(3).

［101］Davis H. Exploring the contexts of relationship quality between middle school students and teachers［J］. Elementary School Journal，2006(3).

［102］De Bolle M，De Fruyt F，McCrae R R，et al. The emergence of sex differences in personality traits in early adolescence： A cross-sectional，cross-cultural study［J］. Journal of personality and social psychology，2015(1).

［103］Deci E L，Ryan R M. The："what" and "why" of goal pursuits： Human needs and the self-determination of behavior［J］. Psychological inquiry，2000(4).

［104］Donovan D. Distribution of educational performance and related factors in michigan［Z］. The Sixth Report of the 1970-1971 Michigan Educational Assessment Program. 1972.

［105］Doyle W. Classroom organization and management［J］. Handbook of research on teaching，1986.

［106］DuBois D L，Eitel S K，Felner R D. Effects of family environment and parent-child relationships on school adjustment during the transition to early adolescence［J］. Journal of Marriage and the Family，1994.

［107］Duncan G，Brooks-Gunn J，Aber J L. Neighborhood poverty： Context and consequences for children［J］. Vol. I and II. New York： Russell Sage Foundation，1997.

［108］Duncan O D，Featherman D L，Duncan B. Socioeconomic background and achievement: Socioeconomic background and achievement[M]. NY: Seminar Press, 1972.

[109] Eisenberger R, Shanock L. Rewards, intrinsic motivation, and creativity: A case study of conceptual and methodological isolation[J]. Creativity Research Journal, 2003(2-3).

[110] Faircloth B S. School belonging[M]. Springer US, 2012.

[111] Falbo T, Polit D F. Quantitative review of the only child literature. Research evidence and theory development[J]. Psychological Bulletin, 1986(2).

[112] Finn J D. Withdrawing from school[J]. Review of educational research, 1989(2).

[113] Freiberg H J. Measuring school climate: Let me count the ways[J]. Educational Leadership, 1998(2).

[114] Friedman L. Mathematics and the gender gap: A met-analysis of recent studies on sex differences in mathematical tasks[J]. Review of Educational research, 1989(2).

[115] Furrer C, Skinner E. Sense of relatedness as a factor in children's academic engagement and performance[J]. Journal of Educational Psychology, 2003(1).

[116] Galton M. An ORACLE chronicle: A decade of classroom research[J]. Teaching and Teacher Education, 1987(4).

[117] Glaser R, Glaser R. Instructional psychology: Past, present, and future[J]. American Psychologist, 1982(3).

[118] Goldstein H. Multilevel statistical models[M]. John Wiley & Sons, 2011.

[119] Goodenow C. The psychological sense of school membership among adolescents: Scale development and educational correlates[J]. Psychology in the Schools, 1993(1).

[120] Goodnight J H. Procedure GLM[J]. SAS User's guide, SAS Inst., Raleigh, NC, 1979.

[121] Gordon C F. School belonging: An exploration of secondary students'perceptions of life at school[J]. Dissertations & Theses - Gradworks, 2010.

[122] Gottfried A W. Measures of socioeconomic status in child development research: Data and recommendations [J]. Merrill-Palmer Quarterly (1982-), 1985.

[123]Grossman P L. The making of a teacher: Teacher knowledge and teacher education[M]. Teachers College Press New York, 1990.

[124]Groth Marnat G, Mullard M J. California psychological inventory[M]. New York: John Wiley & Sons, Inc. , 2010.

[125]Guo K, Song S, Cao Y. How chinese students'pre-school numeracy skill mediate the effect of parents'educational level on their later mathematics achievements[C]. In Csíkos, C. , Rausch, A. , & Szitányi, J. (Eds.). Proceedings of the 40 th Conference of the International Group for the Psychology of Mathematics Education, 2016.

[126]Guskey T R, Passaro P D. Teacher efficacy: A study of construct dimensions[J]. American educational research journal, 1994(3).

[127]Haertel, Geneva D, et al. Psychological models of educational performance: A theoretical synthesis of constructs[J]. Review of Educational Research, 1983(1).

[128]Haney W, Madaus G, Kreitzer A. Charms talismanic: Testing teachers for the improvement of American education[J]. Review of research in education, 1987.

[129]Harding R C. The relationship of teacher attitudes toward homework and the academic achievement of primary grade students[M]. 1979.

[130]Hattie J. Measuring the effects of schooling[J]. Australian Journal of Education, 1992(1).

[131]Hauser R M, Huang M. Verbal ability and socioeconomic success: A trend analysis[J]. Social Science Research, 1997(3).

[132]Hill H C, Blunk M L, Charalambous C Y, et al. Mathematical knowledge for teaching and the mathematical quality of instruction: An exploratory study[J]. Cognition and Instruction, 2008(4).

[133] Hill H C, Schilling S G, Ball D L. Developing measures of teachers'mathematics knowledge for teaching[J]. The Elementary School Journal, 2004(1).

[134] Hollingshead A B, Redlich F C. Social class and mental illness[M]. Hoboken, NJ, US: John Wiley & Sons Inc, 1958.

[135]Hoy W K, Hannum J W. Middle school climate: An empirical assessment of organizational health and student achievement[J]. Educational

Administration Quarterly，1997(3).

[136]Hoy W K，Sabo D J. Quality middle schools：Open and healthy [M].
LA：Corwin Press，Inc. ，1998.

[137]Innocenti M S，White K R. Are more intensive early intervention
programs more effective? A review of the literature[J]. Exceptionality A
Research Journal，1993(1).

[138]Keefe K，Berndt T J. Relations of friendship puality to self-esteem in
early adolescence[J]. Journal of Early Adolescence，1996(1).

[139]Keith T Z，Cool V A. Testing models of school learning：Effects of quali-
ty of instruction，motivation，academic coursework，and homework on
academic achievement[J]. School Psychology Quarterly，1992(3).

[140]Keith T Z. Using path analysis to test the importance of manipulable influences
on school learning[J]. School Psychology Review，1988(4).

[141]Knapp T R. The unit-of-analysis problem in applications of simple
correlation analysis to educational research[J]. Journal of Educational
and Behavioral Statistics，1977(3).

[142]Kuan P. Effects of cram schooling on mathematics performance：Evi-
dence from junior high students in Taiwan[J]. Comparative education re-
view，2011(3).

[143]Kyriakides L，Campbell R J，Christofidou E. Generating criteria for
measuring teacher effectiveness through a self-evaluation approach：A
complementary way of measuring teacher effectiveness [J]. School
Effectiveness and School Improvement，2002(3).

[144]Ladd G W. Peer relationships and social competence during early and middle
childhood[J]. Annual Review of Psychology，1999(3).

[145]Lai F. Are boys left behind? The evolution of the gender achievement gap in
Beijing's middle schools[J]. Economics of Education Review，2010(3).

[146]Lamdin D J. Evidence of student attendance as an independent variable in edu-
cation production functions[J]. Journal of educational research，1996(3).

[147]Leaper C. Gender and social-cognitive development[J]. Handbook of child
psychology and developmental science，2015.

[148]Lee V E，Burkam D T. Inequality at the starting gate：Social background
differences in achievement as children begin school[M]. ERIC，2002.

[149]Lenroot R K, Giedd J N. Sex differences in the adolescent brain[J]. Brain and cognition, 2010(1).

[150]Leung K S F. Mathematics education in east asia and the west: Does culture matter? [M]. New York: Springer US, 2006.

[151]Liem G A D, Martin A J. Peer relationships and adolescents' academic and non-academic outcomes: same-sex and opposite-sex peer effects and the mediating role of school engagement[J]. British Journal of Educational Psychology, 2011.

[152]Liu J. Does cram schooling matter? Who goes to cram schools? Evidence from Taiwan[J]. International Journal of Educational Development, 2012, 32(1).

[153]Lynn R. Race differences in intelligence, creativity and creative achievement[J]. Mankind Quarterly, 2008(3).

[154]Maldonado Carreño C, Votruba Drzal E. Teacher-child relationships and the development of academic and behavioral skills during elementary school: A within-and between-child analysis[J]. Child Development, 2011(2).

[155]McCrae R R, Costa P T, Terracciano A, et al. Personality trait development from age 12 to age 18: Longitudinal, cross-sectional and cross-cultural analyses[J]. Journal of personality and social psychology, 2002(6).

[156]Medley D M. The effectiveness of teachers[J]. Research on teaching: Concepts, findings, and implications, 1979.

[157]Medwell J, Wray D, Poulson L, et al. Effective teachers of literacy: a report of a research project commissioned by the Teacher Training Agency[J]. Exeter: University of Exeter, 1998.

[158]Mercer S H, DeRosier M E. A prospective investigation of teacher preference and children's perceptions of the student – teacher relationship [J]. Psychology in the Schools, 2010(2).

[159]Mitzel H E, Best J H, Rabinowitz W. Encyclopedia of educational research[M]. Free Press New York, 1982.

[160]Monk D H. Subject area preparation of secondary mathematics and science teachers and student achievement[J]. Economics of education review, 1994(2).

[161]Mori I, Baker D. The origin of universal shadow education: What the supple-

mental education phenomenon tells us about the postmodern institution of education[J]. Asia Pacific Education Review，2010(1).

[162]Muijs D，Reynolds D. School effectiveness and teacher effectiveness in mathematics：Some preliminary findings from the evaluation of the mathematics enhancement programme（primary）[J]. School effectiveness and school improvement，2000(3).

[163]Muller C，Katz S R，Dance L J. Investing in teaching and learning：Dynamics of the teacher-student relationship from each actor's perspective [J]. Urban Education，1999(3).

[164]Nash R. Is the school composition effect real?：A discussion with evidence from the UK PISA data[J]. School effectiveness and school improvement，2003(4).

[165]Nath S R. Private supplementary tutoring among primary students in Bangladesh[J]. Educational Studies，2007(1).

[166]Nye B，Konstantopoulos S，Hedges L V. How large are teacher effects? [J]. Educational Evaluation & Policy Analysis，2004(3).

[167]O Connor E，Mccartney K. Examining teacher – child relationships and achievement as part of an ecological model of development[J]. American Educational Research Journal，2007(2).

[168]OECD. OECD skills outlook 2013：First results from the survey of adult skills[M]. OECD Publishing，2013.

[169]OECD. PISA 2006：Science competencies for tomorrow's world[M]. Organization for Economic Co-operation and Development（OECD），2007.

[170]Ollendick T H，Weist M D，Borden M C，et al. Sociometric status and academic，behavioral，and psychological adjustment：a five-year longitudinal study[J]. Journal of Consulting & Clinical Psychology，1992(60).

[171]Paschal R A，Weinstein T，Walberg H J. The effects of homework on learning：A quantitative synthesis[J]. Journal of Educational Research，1984(2).

[172]Perry A. The management of a city school：Développement et diversification de l'Enseignement Privé au Rwanda[M]. New York：Mamillan，1908.

[173]Philippou G N，Christou C. Teachers' conceptions of mathematics and

students' achievement: A cross-cultural study based on results from TIMSS[J]. Studies in educational evaluation, 1999(4).

[174]Pianta R C. Patterns of relationships between children and kindergarten teachers[J]. Journal of school psychology, 1994(1).

[175]Pong S, Dronkers J, Hampden-Thompson G. Family policies and academic achievement by young children in single-parent families[J]. Journal of Marrage and Family, 2003(3).

[176]Purkey S C, Smith M S. Effective schools: A review[J]. The elementary school journal, 1983.

[177]Raudenbush S W, Bryk A S. Hierarchical linear models: Applications and data analysis methods[J]. Journal of the American Statistical Association, 2003(98).

[178]Rivkin S G. Tiebout sorting, aggregation and the estimation of peer group effects[J]. Economics of Education Review, 2001(3).

[179]Robinson W S. Ecological correlations and the behavior of individuals[J]. American Sociological Review, 1950(3).

[180]Roeser R W, Midgley C, Urdan T C. Perceptions of the school psychological environment and early adolescents' psychological and behavioral functioning in school: The mediating role of goals and belonging[J]. Journal of Educational Psychology, 1996(3).

[181]Ross Thomas A, Hoy W. School characteristics that make a difference for the achievement of all students: A 40-year odyssey[J]. Journal of Educational Administration, 2012(1).

[182]Rowan B, Chiang F, Miller R J. Using research on employees' performance to study the effects of teachers on students' achievement[J]. Sociology of Education, 1997.

[183]Ryan R M, Stiller J D, Lynch J H. Representations of relationships to teachers, parents, and friends as predictors of academic motivation and self-esteem[J]. Journal of Early Adolescence, 1994.

[184]Schneeweis N, Winter-Ebmer R. Peer effects in Austrian schools[M]. Springer, 2008.

[185]Schunk D H. Self-efficacy and academic motivation[J]. Educational psychologist, 1991(3-4).

[186]Seyfried S F. Academic achievement of African American preadolescents: The influence of teacher perceptions[J]. American Journal of Community Psychology, 1998(3).

[187]Shulman L S. Knowledge and teaching: Foundations of the new reform [J]. Harvard educational review, 1987(1).

[188]Simon A, Boyer E G. Mirrors for behavior: an anthology of observation instruments continued[M]. Research for Better Schools, 1970.

[189]Sirin S R. Socioeconomic status and academic achievement: A meta-analytic review of research[J]. Review of educational research, 2005(3).

[190]Snyder P, Lawson S. Evaluating results using corrected and uncorrected effect size estimates[J]. Journal of Experimental Education, 2014(4).

[191]Sohn H, Lee D, Jang S, et al. Longitudinal relationship among private tutoring, student-parent conversation, and student achievement[J]. KEDI Journal of Educational Policy, 2010(1).

[192]Stevenson D L, Baker D P. Shadow education and allocation in formal schooling: Transition to university in Japan[J]. American Journal of Sociology, 1992.

[193]Sutton A, Soderstrom I. Predicting elementary and secondary school achievement with school-related and demographic factors[J]. Journal of Educational Research, 1999(6).

[194]Taylor J, Roehrig A D, Hensler B S, et al. Teacher quality moderates the genetic effects on early reading[J]. Science, 2010(5977).

[195]Thapa A, Cohen J, Higgins-D Alessandro A, et al. School climate research summary: August 2012[J]. School Climate Brief, 2012.

[196]Trautwein U, Köller O, Schmitz B, et al. Do homework assignments enhance achievement? A multilevel analysis in 7th-grade mathematics[J]. Contemporary Educational Psychology, 2002(1).

[197]Van Ewijk R, Sleegers P. The effect of peer socioeconomic status on student achievement: A meta-analysis [J]. Educational Research Review, 2010(2).

[198]Wang L, Li X, Li N. Socio-economic status and mathematics achievement in China: a review[J]. ZDM, 2014(7).

[199]Wang M C, Haertel G D, Walberg H J. What influences learning? A

content analysis of review literature[J]. Journal of Educational Research, 1990(1).

[200]Warner W L, Meeker M, Eells K. Social class in America; a manual of procedure for the measurement of social status[M]. Oxford, England: Science Research Associates, 1949.

[201]Wechsler D. Cognitive, conative, and non-intellective intelligence[J]. American Psychologist, 1950(3).

[202]Wentzel K R. Social relationships and motivation in middle school: The role of parents, teachers and peers[J]. Journal of Educational Psychology, 1998(2).

[203]White K R, Taylor M J, Moss V D. Does Research Support Claims About the Benefits of Involving Parents in Early Intervention Programs? [J]. Review of Educational Research, 1992(1).

[204]White K R. The relation between socioeconomic status and academic achievement[J]. Psychological Bulletin, 1982(3).

[205]Wray D, Medwell J, Fox R, et al. The teaching practices of effective teachers of literacy[J]. Educational Review, 2000(1).

[206]Wu M L, Adams R J, Wilson M R. ConQuest: Multi-aspect test software [J]. Camberwell, Vic. : Australian Council for Educational Research, 1997.

[207]Zhe W, Soden B, Deater-Deckard K, et al. Development in reading and math in children from different SES backgrounds: the moderating role of child temperament[J]. Developmental Science, 2015.

附录 1

欧洲教育委员会 2011 年发布的《影子教育的挑战：欧盟家教及其对政策制定者的影响》（The Challenge of Shadow Education：Private Tutoring and Its Implications for Policy Makers in the European Union），报告中所使用的数据几乎均为来自各国调查研究的数据。该项目由联合国教科文国际教育规划研究中心原主任、香港大学比较教育研究中心主任 Bray 执笔撰写。

国家	类型
澳大利亚	2010 年对 2 760 个家庭的 4 406 名学生研究发现，20％的家庭参与补习活动。
比利时	Meskens 和 Berkenbaum 等人将其描绘为"多汁的市场"，调查发现超过 10％的学生需要课外补习。
保加利亚	Tsakonas 将课外补习市场描绘为"蓬勃发展的行业"。初中生每年预计会上 160 节家庭辅导或补习课。
塞浦路斯	2008 年的国家家庭调查结果显示，中学生补习费用占据了家庭教育支出的 52.9％。2003 年对 1 120 名大学生的调查结果显示，86.4％的学生在中学阶段都参加课外补习。
捷克	课外补习近年来有加重的趋势。Korpasová 进行了一些小范围调查发现，课外补习主要和英语语言学习有关。
丹麦	PISA 数据显示丹麦学生参与课外辅导较少。
爱沙尼亚	2011 年，Kirss 调研发现，政府官员认为课外补习发生率在 30％～40％，其他人认为至少 50％的学生参加课外补习。
芬兰	PISA 数据显示芬兰学生参与课外辅导较少。
法国	Melot 等人研究发现，大约 20％的初中生和 33％的高中生参加课外补习。巴黎地区的比例更高，能达到 75％。
德国	Klemm 等人研究发现，约 14.8％的学生参加课外补习。Guill 等人研究发现，约 18.5％的城市学生参与课外补习。
希腊	超过 80％的学生参与过课外补习学校，半数学生请过家教，其中有 13％的学生同时参与这两项课外补习活动。Liodakis 研究发现，课外补习还有扩张趋势，高中生几乎都有课外补习的经历。

续表

国家	类型
匈牙利	Bordás 等人调查发现，60.5％的学生在中学阶段参与过课外补习。Ildikó 等人调查发现，超过 75％的中小学生正在接受课外补习。
爱尔兰	2003 年的数据表明，超过 45％的学生接受过课外补习。而 1994 年的调查结果仅为 32％，学生参与课外补习的比例显著升高。
意大利	2010 年在搜索引擎上搜索"课外补习"，有 369 000 个条目，绝大部分是学生课外补习的广告。
拉脱维亚	Strode & Rutkovska 调查发现，10.8％家长希望子女能够参与课外补习，14.5％的教师认为学生应该参与课外补习。Aizstrauta 等人调查发现，46.4％的学生参与课外补习。
立陶宛	Būdienė 等人调查发现，61.9％的高中生在毕业前参与过课外补习。
卢森堡公国	Haag 等人调查发现，约有 $\frac{1}{2}$ 的学生参与过课外补习，而 $\frac{1}{4}$ 的学生正在参与课外补习，其中七年级学生所占的比例最高。
马耳他	Vella 等人调查发现，51.9％的学生正在参与课外补习活动，77.9％的学生参与过课外补习。
荷兰	PISA 数据显示荷兰学生参与课外辅导较少。
波兰	2005 年的调查发现，49.8％的学生参与过课外补习。
葡萄牙	2005 年的调查发现，54.7％的高中毕业生在高中阶段参与过课外补习。
罗马尼亚	2007 年的调查结果显示，27％的学生参与过课外补习。2010 年对家长调查发现，50％的成人为其子女请过家教。
斯洛伐克	2004—2005 年的调查发现，56％的学生在高中阶段参与过课外补习。
西班牙	Gallardo 等人调查发现，20％的学生参与过课外补习，58.9％的中学生接受过课外补习。
瑞典	PISA 数据显示瑞典学生参与课外辅导较少。
英国	Ireson 等人调查发现，27％的学生曾经参与过课外补习。2008 年的结果显示，12％的小学生和 8％的中学生参与过课外补习。

附录2

运用多水平模型分析的必要性

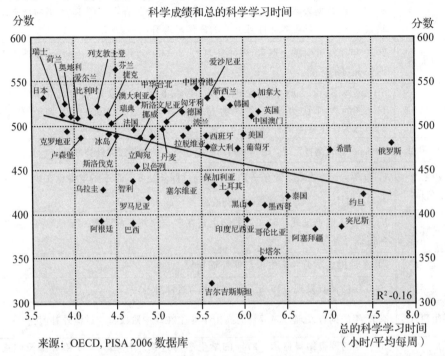

来源：OECD, PISA 2006 数据库

该图来自 PISA 2006 的数据（2006 年 PISA 的主要测试学科为科学），图中每个点代表一个参测国家或地区，横坐标为学生每周总的科学学习时间，纵坐标为学生的科学成绩。分析结果表明，学生科学学习时间与学生科学成绩呈负向关系。

对 PISA 2012 的数据进行同样的分析，可以得到类似的结论。下图中每个点都代表 PISA 2012 的一个参测国家或地区，横坐标为学生平均每周参加课外补习时间，纵坐标为学生的数学成绩。直线为课外补习时间和学生数学成绩的拟合线，由此可知，课外补习对学生的数学成绩有负向影响。

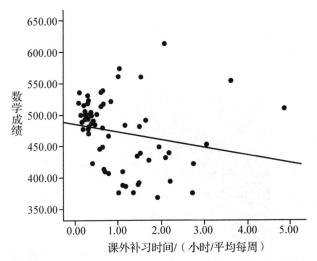

但是，在不同的国家或地区内进行类似的分析，结论却恰恰与之相反。下图为中国上海学生的数学学习时间和数学成绩的散点图，图中散点所拟合的回归直线的斜率为正，或二次曲线拟合开口向下。

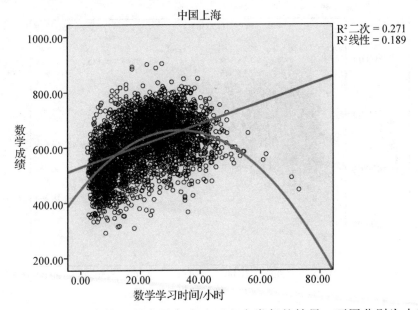

除了中国上海之外，很多国家或地区也有类似的结果。下图分别为中国台北、韩国、新加坡、美国、英国、意大利的散点图，都表现出了学习时间和数学成绩的正向关系。

中国台北

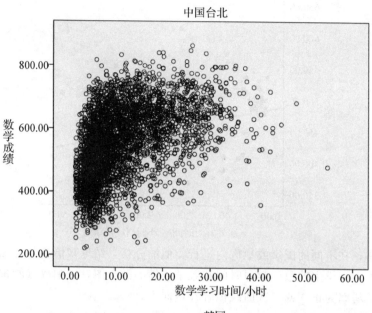

韩国

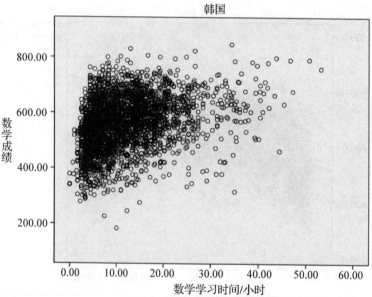

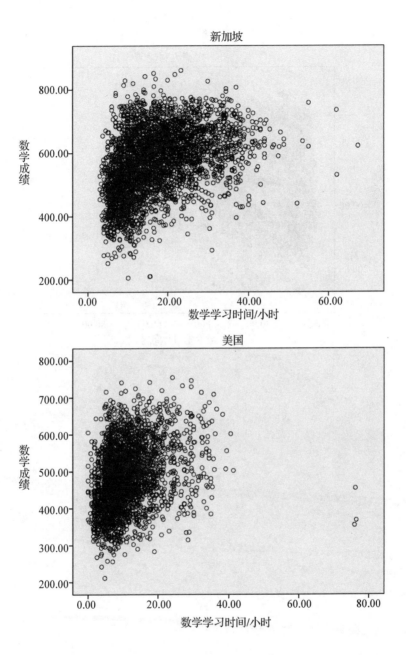

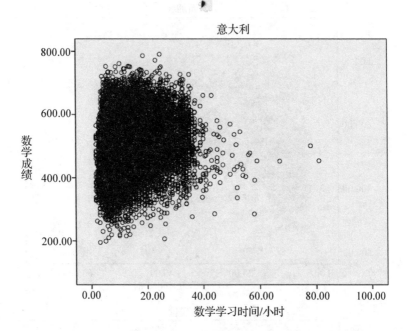

意大利

附录 3

ISCO-08 Majorand Sub-Major Groups
with ISEI-08 Scores

ISCO	Sub-major	Title	ISEI-08
0000		Armed forces occupations	53
1000		Managers	62
2000		Professionals	65
3000		Technicians and associate professionals	51
4000		Clerical support workers	41
5000		Service and sales workers	31
6000		Skilled agricultural, forestry and fishery workers	18
7000		Craft and related trades workers	35
8000		Plant and machine operators, and assemblers	32
9000		Elementary occupations	20
	0100	Commissioned armed forces officers	65
	0200	Non-commissioned armed forces officers	53
	0300	Armed forces occupations, other ranks	30
	1100	Chief executives, senior officials and legislators	69
	1200	Administrative and commercial managers	68
	1300	Production and specialised services managers	60
	1400	Hospitality, retail and other services managers	53
	2100	Science and engineering professionals	69
	2200	Health professionals	66
	2300	Teaching professionals	63
	2400	Business and administration professionals	64

续表

ISCO	Sub-major	Title	ISEI-08
	2500	Information and communications technology professionals	69
	2600	Legal，social and cultural professionals	66
	3100	Science and engineering associate professionals	51
	3200	Health associate professionals	46
	3300	Business and administration associate professionals	53
	3400	Legal，social，cultural and related associate professionals	45
	3500	Information and communications technicians	57
	4100	General and keyboard clerks	41
	4200	Customer services clerks	40
	4400	Other clerical support workers	40
	4300	Numerical and material recording clerks	43
	5100	Personal service workers	30
	5200	Sales workers	33
	5300	Personal care workers	26
	5400	Protective services workers	40
	6100	Market-oriented skilled agricultural workers	18
	6200	Market-oriented skilled forestry, fishery and hunting workers	24
	6300	Subsistence farmers，fishers，hunters and gatherers	10
	7100	Building and related trades workers, excluding electricians	34
	7200	Metal，machinery and related trades workers	38
	7300	Handicraft and printing workers	33

续表

ISCO	Sub-major	Title	ISEI-08
	7400	Electrical and electronic trades workers	43
	7500	Food processing, wood working, garment and other craft and related trades workers	27
	8100	Stationary plant and machine operators	29
	8200	Assemblers	29
	8300	Drivers and mobile plant operators	36
	9100	Cleaners and helpers	17
	9200	Agricultural, forestry and fishery labourers	14
	9300	Labourers in mining, construction, manufacturing and transport	24
	9400	Food preparation assistants	15
	9500	Street and related sales and service workers	25
	9600	Refuse workers and other elementary workers	26

附录4

题号	因子载荷	具体内容（1：完全不能；3：有时可以；5：完全做到）
1	0.676	能鼓励学生使用不同的学习方法 encourage students to learn in different methods
2	0.678	能发现学生的优点和缺点 know the advantages and disadvantages of students
3	0.719	能给学生提出不同的学习建议 give different students suitable study suggestions
4	0.645	能给学生布置不同的学习任务 assign different tasks for students accordingly
5	0.692	能时时关注学生的进步 focus on students'progress all the time
6	0.623	能在课上组织学生进行小组活动 organize students to group activities in class
7	0.696	能使课堂气氛很活跃 make the class interesting and active
8	0.728	能和学生共同交流学习心得 share experiences in learning with students
9	0.751	能引导学生就某个问题进行讨论 facilitate student groups discussing the problem together
10	0.732	无论是课上还是课下，都能鼓励学生思考和提问 encourage students to think and question both in class and after class
11	0.687	讲课时尽量将所教内容与学生的生活实际相联系 try to relate the teaching content to students'lives
12	0.706	能鼓励学生猜想并通过各种方法验证猜想或得到结论 encourage students to generate a hypothesis, test premise and come up with conclusions
13	0.672	在讲课时举例子或打比方帮助学生理解 promote students'understanding through examples
14	0.764	能引导学生提出自己的观点 encourage students to give our own opinion
15	0.765	能鼓励学生用不同的思路解决问题 encourage students to solve the problem in different methods

16	0.746	能在课堂上设置一些让学生独立思考的问题 set out some problems that students can start working by themselves
17	0.693	根据试卷分析的结果调整自己的教学 adjust my teaching according to the analysis of examination
18	0.590	根据教学目标和学生的实际情况自己编写习题 make up problems for teaching objectives and students' realistic situations
19	0.626	通过批改作业及时发现学生学习中的问题，并进行有针对性的辅导 give targeted counseling according to students' problem solving
20	0.568	批改作业时会因人而异给出恰当的批语 provide appropriate assessment of students' problem solving
21	0.633	乐于采用多种教学方法、手段以提高学生的学习兴趣 stimulate students study interests by various teaching methods
22	0.485	早上一起床，就想要去学校做有关教学工作 eager to going to school for teaching everyday
23	0.684	总是不厌其烦地帮助学生解决问题 help students solve their problems tirelessly
24	0.618	为帮助学生取得进步或指导学生在各类比赛中获奖而感到自豪 proud of students' progress or awards in competitions
25	0.569	认为教师工作不仅要为学生传授知识，也要教会学生如何做人 try to teach students how to behave themselves, not just knowledge
26	0.643	注重加强自身修养和言传身教 emphasize cultivating the moral character and improving myself
27	0.547	从事教研工作时，有时会废寝忘食 engaged in teaching and research work, sometimes forget to eat and sleep
28	0.622	即使教学工作进展不顺利，也能锲而不舍 keep on carving even though the teaching work is not smooth